EIN FACH MATHE

Lineare Gleichungen und Ungleichungen

Bearbeitet von:
Hans-Joachim Püffke

Unter Mitarbeit von:
Hans-Peter Anders, Karl-Heinz Barth, Konrad Fecke,
Sigurd Hein, Petra Kunert, Gernot Mahn,
Jürgen Thomann

Schöningh

Illustrationen: Matthias Berghahn und Susanne Kuhlendahl/Verlagsarchiv Schöningh

www.schoeningh-schulbuch.de
Schöningh Verlag, Jühenplatz 1–3, 33098 Paderborn

Druck A 4 3 2 / Jahr 2009 08 07
Alle Drucke der Serie A sind im Unterricht parallel verwendbar.
Die letzte Zahl bezeichnet das Jahr dieses Druckes.

Druck und Bindung: westermann druck GmbH, Braunschweig

ISBN 978-3-14-037325-8

Inhaltsverzeichnis

Lineare Gleichungen und Ungleichungen

$$x + x + x - 1 = 41$$

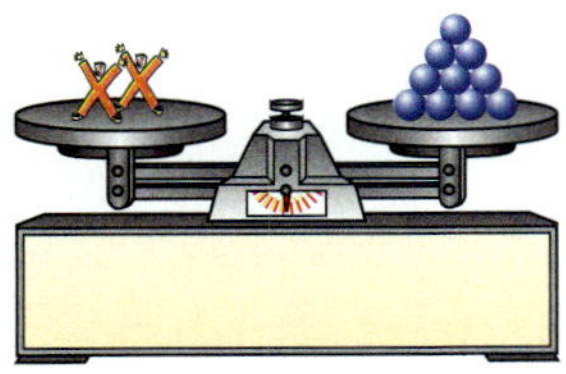

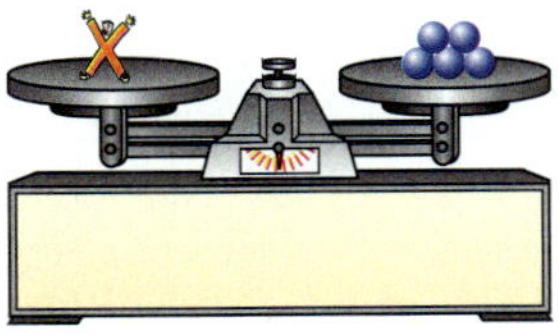

$$2{,}50 \cdot x + 52 \leq 80$$

1 Lösen von Ungleichungen durch Probieren

Am Abschlussabend in der Jugendherberge soll gegrillt werden. Fuzzy und Karsten haben den Auftrag, dafür einzukaufen. Sie haben bereits 48 € ausgegeben, da fällt Fuzzy ein, dass für jeden der 25 Schüler auch ein kleines Eis zum Nachtisch besorgt werden soll. „Wir müssen mit unseren Ausgaben unter 70 € bleiben", sagt Fuzzy. „Aber jeder soll auch das gleiche Eis bekommen", meint Karsten. „Mal sehen, was da infrage kommt."
„Wenn man eine Ungleichung aufstellt und ausrechnet ...", will der Hobbymathematiker Karsten gerade anfangen, da unterbricht ihn Fuzzy: „Durch Probieren kann ich dir auch sagen, welche Eissorten wir kaufen können und welche nicht!"

1. Das Rechenproblem der beiden Einkäufer kann so beschrieben werden:

$48 + 25 \cdot x < 70$. Erläutere die einzelnen Bestandteile dieser Ungleichung.

48 ______________________ 25 ______________________

x ______________________ 70 ______________________

2. Fülle die folgende Tabelle aus. Benutze w für wahr und f für falsch.

Eissorte	Gesamtkosten	< 70
0,60 €	48 € + 25 · 0,60 € = 63 €	w

3. Wie sieht die Ungleichung aus, wenn die beiden 36 € ausgegeben haben, 30 Schüler in der Klasse sind und sie weniger als 60 € ausgeben dürfen?

____

MEMO

Verbindet man zwei Terme durch eines der Zeichen < (kleiner) oder > (größer), so erhält man eine **Ungleichung.**

Beispiele: $x + 14 < 37$ $2 \cdot y - 78 > 84$ $3 \cdot \square < 27$

Setzt man für die Variable Zahlen ein, so erhält man eine wahre (w) oder eine falsche (f) Aussage.

Beispiel: Ungleichung $x + 14 < 37$
eingesetzt 4 $4 + 14 < 37$ (w)
eingesetzt 25 $25 + 14 < 37$ (f)

Lösungen

1. 48: bereits ausgegeben, 25: Anzahl Schüler, x: Preis pro Eis, 70: Ausgabengrenze; **2.** Eis/Gesamtkosten: 0,60/63; 0,70/65,50; 0,80/68; 0,90/70,50; 1,00/73; **3.** $36 + 30 \cdot x < 60$

Wohnst du in einem Superzimmer?

1. Zahl = Zimmernummer, 2. Zahl = Bettenzahl

Ein Zimmer, das keine der drei Anforderungen erfüllt, oder ein Zimmer, das alle drei erfüllt, ist ein Superzimmer.

1 Wenn du von der Anzahl der Betten in der Jugendherberge das Siebenfache deiner Zimmernummer abziehst, musst du unter 111 bleiben!

Ungleichung:

_______ – _________________________ < 111

Betten 7fache Zimmernummer

Die Zimmer ____________________________
erfüllen die 1. Anforderung.

Tabelle:

x	**235 – 7 · x < 111**		
15	235 – 7 · 15 < 111	130 < 111	f
16			
17			
18			
19			
20			

2 Wenn du zu der Gesamtzahl der Zimmer in der Jugendherberge das 13fache der Bettenzahl in deinem Zimmer hinzufügst, musst du 111 überschreiten.

Ungleichung:

____

Die Zimmer ____________________________
erfüllen die 2. Anforderung.

Tabelle:

x			
8			
6			
4			
3			
5			
7			

3 Wenn du deine Zimmernummer verdoppelst und 13 subtrahierst, musst du mehr erhalten, als wenn du zur Nummer deines Zimmers fünf addierst.

Ungleichung:

____

Die Zimmer ____________________________
erfüllen die 3. Anforderung.

Tabelle:

x			
15	2 · 15 – 13 > 15 + 5	17 > 20	f
16			
17			
18			
19			
20			

Die Superzimmer haben die Nummern ____.

Lösungen

1. Zimmer 18, 19 und 20; **2.** Ungleichung: 42 + 13 · x > 111; Zimmer 15, 16 und 20; **3.** Ungleichung: 2 · x – 13 > x + 5; Zimmer 19 und 20; Antwort: Zimmer 17 erfüllt keine der Anforderungen, Zimmer 20 alle drei.

2 Lösen einfacher Gleichungen durch Probieren

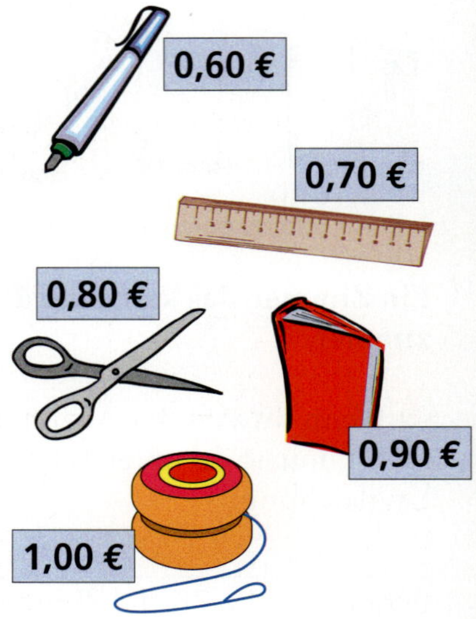

Nach dem Grillen soll mit einem bunten Abend die Klassenfahrt beendet werden. Anne und Kathrin haben es übernommen, dazu Preise einzukaufen. Für 42 € haben sie bereits eingekauft, da fällt Kathrin ein, dass auch noch ein Trostpreis für jeden der 25 Schüler mitgebracht werden soll. Sie schauen, was man wohl besorgen könnte, und entscheiden sich dann für ein Teil aus dem Angebot. Bei der Abrechnung geben sie an, dass sie insgesamt 64,50 € ausgegeben haben.
Was haben sie eingekauft?

1. Das Rechenproblem der beiden Einkäuferinnen kann durch eine Gleichung beschrieben werden: $25 \cdot x + 42 = 64{,}50$
Erläutere die Bestandteile:

25: ____________________ x: ____________________

42: ____________________ 64,50: ____________________

2. a) Fülle die folgende Tabelle aus:

Geschenk	Gesamtkosten	= 64,50
0,60 €	42 € + 25 · 0,60 € = 57 €	f
0,70 €		
0,80 €		
0,90 €		
1,00 €		

b) Welchen Artikel haben die beiden gekauft?

____

MEMO

Verbinden wir zwei Terme durch ein Gleichheitszeichen, erhalten wir eine **Gleichung.**

Beispiel: $3 \cdot x + 25 = 48$

Die Zahl, die beim Einsetzen in die Gleichung eine wahre Aussage ergibt, ist die **Lösung** der Gleichung.

Beispiel: $5 \cdot x - 11 = 4$
eingesetzt: $x = 3$
$5 \cdot 3 - 11 = 4$ (w)

Bei einfachen Gleichungen ist es häufig möglich, die Lösung durch **Probieren** zu finden.

Lösungen

1. 25: Anzahl Schüler; x: Preis des Geschenks; 42: bereits ausgegeben; 64,50: Gesamtausgabe; **2.** a) Geschenk/Gesamtkosten: 0,70/59,50; 0,80/62,00; 0,90/64,50; 1,00/67; b) den zu 0,90 €

1 Die Jungs von Zimmer 305 haben Mist gebaut. Beim Fußballspielen haben gleich zwei von ihnen erheblichen Schaden angerichtet. Nun stehen sie alle ziemlich bedröppelt da. Wer sind die „Kunstschützen“ und was ging zu Bruch?

a) Setze in die Gleichungen jeweils Zahlen von 1 bis 11 ein. Alle wahren Lösungen scheiden aus, die beiden übrig gebliebenen sind die Schuldigen.

x	**3 · x + 5 = 14**		w/f
1	3 · 1 + 5 = 9	= 14	f
2	3 · 2 + 5 =	= 14	
3	3 · 3 + 5 =	= 14	
4	3 · 4 + 5 =	= 14	

x	**47 − 2 · x = 31**		w/f
5		= 31	
6		= 31	
7		= 31	
8		= 31	

x	**− 8 · x + 17 = − 63**		w/f
9		= −63	
10		= −63	
11		= −63	
8		= −63	

x	**4 · x + 11 = 31**		w/f
1		= 31	
3		= 31	
5		= 31	
7		= 31	

x	**15 − 2,5 · x = 0**		w/f
2		= 0	
4		= 0	
6		= 0	
8		= 0	

x	**6 · x + 8 = 62**		w/f
9		= 62	
11		= 62	
8		= 62	
10		= 62	

x	**72 − 6 · x = 48**		w/f
5		= 48	
9		= 48	
4		= 48	
7		= 48	

x	**5 · x − 4 = 1**		w/f
4		= 1	
1		= 1	
5		= 1	
11		= 1	

x	**10 − 4 · x = 2**		w/f
10		= 2	
3		= 2	
5		= 2	
2		= 2	

Die Schuldigen sind die Nummern ____________ und ____________.

b) Jetzt spielen alle falschen Ergebnisse eine Rolle. In jeder Tabelle gibt es drei davon. Jeder Zahl ist in der folgenden Abbildung ein Buchstabe zugeordnet. In der Reihenfolge der Aufgaben (von links nach rechts, innerhalb einer Aufgabe von oben nach unten) ergibt sich als Lösung alles, was zerstört wurde.

74	68	56	51	42	39	37	35	33	30	23	21	18	17
R	L	,	G	A	L	S	T	E	P	U	,	M	N
16	15	11	10	**9**	5	−2	−5	−10	−30	−47	−55	−71	
E	K	E	P	**F**	T	A	U	S	L	S	R	,	.

F ___ ___ ___ ___ ___ ___ ___ ___ ___ ___ ___ ___ ___ ___ ___ ___ ___

___ ___ ___ ___ ___ ___ ___ ___ ___ ___

Lösungen

1. 7 und 11; 2. FENSTER, SKULPTUR, LAMPE, GLAS

Bei den folgenden Gleichungen sollst du die Lösungen durch Probieren finden. Zunächst wird eine Startzahl eingesetzt, dann eine größere und eine kleinere Zahl. Nun solltest du erkennen, ob du noch größere oder kleinere Zahlen einsetzen musst.

1

x	9 − 3 · x	= 21	w/f
0		= 21	
1		= 21	
−1		= 21	
		= 21	
		= 21	
		= 21	

2

x	7 · x − 92	= −29	w/f
4		= −29	
3		= −29	
5		= −29	
		= −29	
		= −29	
		= −29	

3

x	59 + 7 · x = 24		w/f
0		= 24	
2		= 24	
−2		= 24	
		= 24	
		= 24	
		= 24	

Bei den folgenden Gleichungen ist nur noch die Startzahl vorgegeben. Versuche selbst eine Strategie zu entwickeln, mit der du möglichst in sechs Schritten zur Lösung kommst. Alle Lösungen sind ganze Zahlen.

4

x	−116 + 24 · x = 76		w/f
12		= 76	
		= 76	
		= 76	
		= 76	
		= 76	
		= 76	

5

x	7 · (x − 6) = 21	w/f	
3		= 21	
		= 21	
		= 21	
		= 21	
		= 21	
		= 21	

6

x	92 + 9 · x	= 29	w/f
−1		= 29	
		= 29	
		= 29	
		= 29	
		= 29	
		= 29	

Lösungen

1. x = −4; 2. x = 9; 3. x = −5; 4. x = 8; 5. x = 9; 6. x = −7

3 Grundmenge und Lösungsmenge

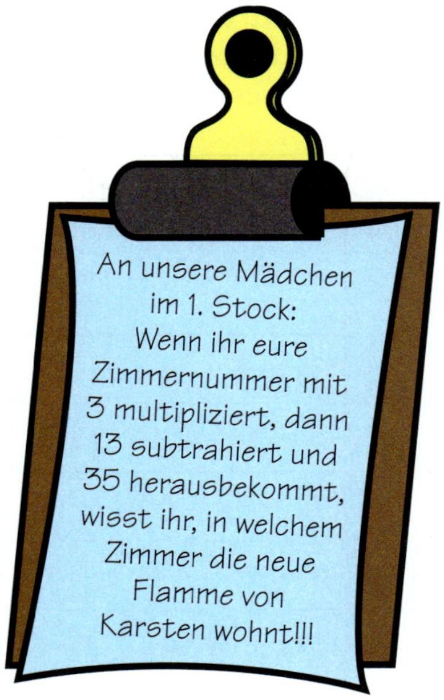

Karsten hat sein Herz verloren, und das hat sich schnell herumgesprochen. Aber keiner weiß so recht, um wen es sich handelt. Fuzzy lässt einen Zettel herumliegen. „Damit der Kreis der Kandidatinnen ein wenig kleiner wird," meint er.
Natürlich finden alle Mädchen den Zettel und es doof, erst rechnen zu müssen. Anne ist ganz fit in Mathe: „Wenn wir die Zimmernummer mit x bezeichnen, dann haben wir ja eine Gleichung $3 \cdot x - 13 = 35$. Dann müssen wir nur alle Zimmernummern von 10 bis 20 einsetzen und schon haben wir die Lösung."
„Etwas weniger Arbeit haben wir", meint Eva. „Unsere Klasse wohnt komplett im rechten Flur, und dort sind nur die geraden Nummern von 10 bis 20!"

1. Setze in die Gleichung $3 \cdot x - 13 = 35$ die geraden Zahlen von 10 bis 20 ein:

x	$\mathbf{3 \cdot x - 13}$	**= 35**
10	$3 \cdot 10 - 13 = 17$	f
12		
14		
16		
18		
20		

Die „Glückliche" wohnt in Zimmer ________.

2. Setze in die Gleichung $63 - 7 \cdot x = 21$ die ungeraden Zahlen von 1 bis 9 ein. Was stellst du fest?

x	$\mathbf{63 - 7 \cdot x}$	**= 21**
1	$63 - 7 \cdot 1 = 56$	
3		
5		
7		
9		

MEMO

Die Zahlen, die wir für eine Variable in einer Gleichung oder Ungleichung einsetzen können, bilden die **Grundmenge G.**

Beispiel: Grundmenge alle ungeraden natürlichen Zahlen G = {1, 3, 5, 7, ...}

Die Zahlen aus der Grundmenge G, die beim Einsetzen in eine Gleichung oder eine Ungleichung zu einer wahren Aussage führen, bezeichnen wir als die **Lösungen.**
Alle Lösungen fassen wir in der **Lösungsmenge L** zusammen.
Gibt es in der Grundmenge G keine Lösung, ist die Lösungsmenge leer: L = {}

Lösungen

1. Zimmer 16; **2.** Keine Zahl führt zur Lösung.

Übungen

Löse die Gleichungen durch Probieren. Setze dazu die Zahlen aus der Grundmenge für die Variablen ein. Die Grundmenge ist für alle Aufgaben G = {−4 ; −3 ; −2 ; −1 ; 0 ; 1 ; 2 ; 3 ; 4}. Trage die Lösungsmenge L in der entsprechenden Spalte ein.

So findest du den Lösungssatz: Starte oben beim Buchstaben D. Die Lösung einer Aufgabe sagt dir, wie viele Kästchen du nach unten (positive Lösung) oder nach oben (negative Lösung) gehen musst. Bereits betretene Kästchen werden mitgezählt. Den gefundenen Buchstaben trägst du, von oben nach unten, in den rechten Balken ein. Es ergibt sich als Lösungssatz der Titel eines Films. Da die Lösung der ersten Aufgabe die Zahl 4 ist, musst du vier Kästchen nach unten gehen; hier steht ein „E".

	Gleichung	Grundmenge G	Lösungsmenge L	Buchstabe	Antwort
1	$3x + 4 = 16$	G = {−4 ; −3 ; −2 ; −1 ; 0 ; 1 ; 2 ; 3 ; 4}	L = {4}	*D*	*D*
2	$6 - 2x = 2$	G = {−4 ; −3 ; −2 ; −1 ; 0 ; 1 ; 2 ; 3 ; 4}		R	*E*
3	$12 - 3x = 0$	G = {−4 ; −3 ; −2 ; −1 ; 0 ; 1 ; 2 ; 3 ; 4}		A	
4	$8 - 3x = -4$	G = {−4 ; −3 ; −2 ; −1 ; 0 ; 1 ; 2 ; 3 ; 4}		A	
5	$17x + 52 = 1$	G = {−4 ; −3 ; −2 ; −1 ; 0 ; 1 ; 2 ; 3 ; 4}		*E*	
6	$4 + 3z = 13$	G = {−4 ; −3 ; −2 ; −1 ; 0 ; 1 ; 2 ; 3 ; 4}		S	
7	$16 - 7x = 16$	G = {−4 ; −3 ; −2 ; −1 ; 0 ; 1 ; 2 ; 3 ; 4}		M	
8	$8{,}5x + 20 = 3$	G = {−4 ; −3 ; −2 ; −1 ; 0 ; 1 ; 2 ; 3 ; 4}		U	
9	$5y + 3y = 16$	G = {−4 ; −3 ; −2 ; −1 ; 0 ; 1 ; 2 ; 3 ; 4}		D	
10	$7{,}2 - 4x = -4{,}8$	G = {−4 ; −3 ; −2 ; −1 ; 0 ; 1 ; 2 ; 3 ; 4}		S	
11	$5{,}5x + 8 = 30$	G = {−4 ; −3 ; −2 ; −1 ; 0 ; 1 ; 2 ; 3 ; 4}		E	
12	$7 - 4x = 15$	G = {−4 ; −3 ; −2 ; −1 ; 0 ; 1 ; 2 ; 3 ; 4}		D	
13	$3z + 5 = 4z + 4$	G = {−4 ; −3 ; −2 ; −1 ; 0 ; 1 ; 2 ; 3 ; 4}		C	
14	$22 - 5x = 2$	G = {−4 ; −3 ; −2 ; −1 ; 0 ; 1 ; 2 ; 3 ; 4}		H	
15	$x + 7 = 4$	G = {−4 ; −3 ; −2 ; −1 ; 0 ; 1 ; 2 ; 3 ; 4}		M	
16	$12z - 50 = -2$	G = {−4 ; −3 ; −2 ; −1 ; 0 ; 1 ; 2 ; 3 ; 4}		G	
17	$3{,}2 + 1{,}7y = 10$	G = {−4 ; −3 ; −2 ; −1 ; 0 ; 1 ; 2 ; 3 ; 4}		L	
18	$x + x + x + x = 4$	G = {−4 ; −3 ; −2 ; −1 ; 0 ; 1 ; 2 ; 3 ; 4}		U	
19	$25 + 8x = 1$	G = {−4 ; −3 ; −2 ; −1 ; 0 ; 1 ; 2 ; 3 ; 4}		N	
20	$\frac{1}{3}x + 1 = 0$	G = {−4 ; −3 ; −2 ; −1 ; 0 ; 1 ; 2 ; 3 ; 4}		E	
21	$\frac{1}{3}x + 1 = 2$	G = {−4 ; −3 ; −2 ; −1 ; 0 ; 1 ; 2 ; 3 ; 4}		K	

Lösung

DER AUS DEM DSCHUNGEL KAM

1 Löse die Gleichungen, indem du die Zahlen aus der angegebenen Grundmenge einsetzt.

a) G = {3 ; 4 ; 5 ; 6}

x	7 · x – 25 = 17		w/f
3		= 17	
4		= 17	
5		= 17	
6		= 17	

b) G = {–6 ; –4 ; –2 ; 0 ; 2}

x	48 – 14 · x = 76		w/f
–6		= 76	
–4		= 76	
–2		= 76	
0		= 76	
2		= 76	

c) G = {7,5 ; 8,5 ; 9,5 ; 10,5 ; 11,5}

x	15 · x – 78,5 = 64		w/f
7,5		= 64	
8,5		= 64	
9,5		= 64	
10,5		= 64	
11,5		= 64	

2 Die Gleichungen sind gelöst, aber die Lösungsmengen sind durcheinander geraten. Prüfe durch Einsetzen, welche Gleichung zu welcher Lösungsmenge passt. In der Reihenfolge der Gleichungen ergeben die Buchstaben hinter den Lösungsmengen ein Lösungswort.

a) 2x + 17 = 1	L = {2}	(E)
b) 48 – 13x = 9	L = {–5}	(L)
c) 17 – 3x = 26	L = {–8}	(N)
d) 38 + 14x = 24	L = {–1}	(P)
e) 9x + 7x + 5 = 37	L = {–3}	(A)
f) 6,4x + 28 = –4	L = {3}	(E)

Lösungswort: ___ ___ ___ ___ ___ ___

3 Bei den Aufgaben kommen die folgenden Grundmengen vor:
G = ℚ   G = ℤ   G = ℕ
G = {1 ; 3 ; 5 ; 7 ; 9 ...}   G = {2 ; 4 ; 6 ; 8 ; 10 ...}

Die Lösungsmengen können leer sein oder aus genau einem Element bestehen.

Stelle zu den folgenden Zahlenrätseln Gleichungen auf. Gib die Grundmenge an. Löse die Gleichung durch Probieren und nenne die Lösungsmenge. Achte dabei auf die Grundmenge.

a) Bilde die Summe aus einer natürlichen Zahl und 6. Du erhältst als Ergebnis 11.

Gleichung	G	L

b) Wenn ich eine ungerade Zahl verdopple und 15 subtrahiere, dann erhalte ich 13.

Gleichung	G	L

c) Wenn ich eine gerade Zahl verdopple und 15 subtrahiere, dann erhalte ich 13.

Gleichung	G	L

d) Bilde das Vierfache einer ganzen Zahl und addiere anschließend 12. Du erhältst 14.

Gleichung	G	L

e) Bilde das Vierfache einer beliebigen Zahl und addiere anschließend 18. Du erhältst 20.

Gleichung	G	L

f)

Gleichung	G	L

Lösungen

1. a) 6, b) –2, c) 9,5; **2.** a) –8, b) 3, c) –3, d) –1, e) 2, f) –5; Lösungswort: NEAPEL; **3.** a) x + 6 = 11; G = ℕ; L = {5}; b) 2 · x – 15 = 13; G = {1 ; 3 ; 5 ; 7 ; 9 ...}; L = {}; c) 2 · x – 15 = 13; G = {2 ; 4 ; 6 ; 8 ; 10 ...}; L = {14}; d) 4 · x + 12 = 14; G = ℤ; L = {}; e) 4 · x + 18 = 20; G = ℚ; L = {0,5}; f) 7 · x + 50 = 1; G = ℤ; L = {–7}

4 Lösen mit dem Umkehroperator

Jan ist bei seinem Freund Gerrit zu Besuch. Natürlich reden sie auch über die Schule. „Wir lösen gerade Gleichungen“, meint Gerrit. „Ich muss noch meine Hausaufgaben machen.“ Jan sieht ihm dabei zu. „Die Methode haben wir gar nicht kennen gelernt“, sagt er zu Gerrit. „Aber das ist leicht zu verstehen.“

1. Fülle die Lücken aus:

a) Gleichung: $x \cdot 7 - 16 = 40$

Operatoren: $x \xrightarrow{\cdot 7} \square \xrightarrow{-16} 40$

$\square \xleftarrow[:7]{} \square \xleftarrow[+16]{} 40$

b) Gleichung: $x : 5 + 11 = 17$

Operatoren: $x \xrightarrow{:5} \square \xrightarrow{+11} 17$

$\square \xleftarrow[\square]{} \square \xleftarrow[-11]{} 17$

2. Fülle die Lücken aus:

a) Gleichung: ______________

Operatoren: $x \xrightarrow{\cdot 4} \square \xrightarrow{+7} 3$

$\square \xleftarrow[\square]{} \square \xleftarrow[\square]{} 3$

b) Gleichung: ______________

Operatoren: $x \xrightarrow{\cdot \frac{1}{2}} \square \xrightarrow{+2\frac{1}{2}} 10$

$\square \xleftarrow[\square]{} \square \leftarrow 10$

c) Gleichung: ______________

Operatoren: $x \xrightarrow{:3} \square \xrightarrow{-3,5} 2$

$\square \xleftarrow[\square]{} \square \leftarrow 2$

MEMO

Wir können Gleichungen durch **Operatoren** darstellen und mithilfe von **Umkehroperatoren** ihre Lösungen finden.

Beispiele:

Gleichung: $x \cdot 4 + 7 = 43$

Operatoren: $x \xrightarrow{\cdot 4} \square \xrightarrow{+7} 43$

Umkehroperatoren: $9 \xleftarrow[:4]{} \boxed{36} \xleftarrow[-7]{} 43$

Probe:
$9 \cdot 4 + 7$
$= 36 + 7$
$= 43$

Gleichung: $x : 9 - 5 = 7$

Operatoren $x \xrightarrow{:9} \square \xrightarrow{-5} 7$

Umkehroperatoren: $108 \xleftarrow[:9]{} \boxed{12} \xleftarrow[+5]{} 7$

$108 : 9 - 5$
$= 12 - 5$
$= 7$

Lösungen

1. a) $x = 8$; b) $x = 30$; **2.** a) Gleichung: $x \cdot 4 + 7 = 3$; $x = -1$; b) Gleichung: $x \cdot \frac{1}{2} + 2\frac{1}{2} = 10$; $x = 15$;
c) $x : 3 - 3,5 = 2$; $x = 16,5$

1 Schreibe die Gleichungen mit Operatoren , löse dann mithilfe von Umkehroperatoren.

a) $x \cdot 3 - 17 = 31$ x = [ ]

[ ] —(· 3 / : 3)— [ ] —(− 17 / + 17)— [31]

b) $x : 2{,}5 + 28 = 36$ x = [ ]

[ ] —(/)— [ ] —(/)— [ ]

c) $\frac{3}{4} \cdot x + 5 = 2$ x = [ ]

[ ] —(/)— [ ] —(/)— [ ]

d) $x : 17 - 4 = -8$ x = [ ]

[ ] —(/)— [ ] —(/)— [ ]

e) $(x + 5) : 6 = 9$ x = [ ]

[ ] —(+ 5 / − 5)— [ ] —(: 6 / · 6)— [ ]

f) $(x - 2) \cdot 17 = -51$ x = [ ]

[ ] —(/)— [ ] —(/)— [ ]

2 Stelle zu den folgenden Aufgaben jeweils die Gleichung auf, löse dann mit Umkehroperatoren.

a) [ ] —(· 7 /)— [ ] —(+ 15 /)— [36]

Gleichung: $x \cdot 7 + 15 = 36$

b) [ ] —(: 4 /)— [ ] —(− 16 /)— [− 13]

Gleichung: [ ]

c) [ ] —(· 0,25 /)— [ ] —(+ 1 /)— [0]

Gleichung: [ ]

d) [ ] —(: 1,25 /)— [ ] —(− 90 /)— [10]

Gleichung: [ ]

Lösungen

1. a) 16, b) 20, c) −4, d) −68, e) 49, f) −1; **2.** a) x = 3; b) x : 4 − 16 = −13; x = 12; c) x · 0,25 − 1 = 0; x = −4;
d) x : 1,25 − 90 = 10; x = 125

1 Schreibe mit einem Operator und löse mit dem Umkehroperator.

Beispiel: $x \cdot 8 = 48$ $\quad x \xrightarrow{\cdot 8} 48$ $\quad 6 \xleftarrow{:8} 48$

a) $x \cdot 6 = 42$ b) $y \cdot 4 = 24$
c) $x : 3 = -21$ d) $z + 5 = 41$
e) $y - 38 = 72$ f) $x + 51 = 100$
g) $5 \cdot x = -45$ h) $y : 19 = 5$
i) $\frac{z}{13} = 7$ j) $\frac{x}{21} = 6$

2 Finde die Zahl x mithilfe von Umkehroperatoren. Stelle auch die zugehörige Gleichung auf.

a) $x \xrightarrow{\cdot 5} \square \xrightarrow{-18} 2$ $\quad x \cdot 5 - 18 = 2$
b) $x \xrightarrow{\cdot 3} \square \xrightarrow{+42} 90$ ______
c) $x \xrightarrow{:9} \square \xrightarrow{+4} 10$ ______
d) $x \xrightarrow{:8} \square \xrightarrow{-10} -3$ ______
e) $x \xrightarrow{\cdot 5} \square \xrightarrow{+18} -2$ ______
f) $x \xrightarrow{:4} \square \xrightarrow{+27} 32$ ______
g) $x \xrightarrow{\cdot 2} \square \xrightarrow{-9} -11$ ______
h) $x \xrightarrow{\cdot 12} \square \xrightarrow{+40} 4$ ______

3 Schreibe mit Operatoren. Finde dann die Lösung mit Umkehroperatoren.

a) $x \cdot 7 - 17 = 11$ $\quad x \xrightarrow{\cdot 7} \square \xrightarrow{-17} 11$
b) $y \cdot 3 + 16 = 67$ $\quad \rightarrow \square \rightarrow$
c) $z \cdot 11 - 18 = 81$ $\quad \rightarrow \square \rightarrow$
d) $y \cdot 17 - 35 = 50$ $\quad \rightarrow \square \rightarrow$
e) $x \cdot 5 + 16 = 1$ $\quad \rightarrow \square \rightarrow$
f) $z : 6 + 3 = 10$ $\quad \rightarrow \square \rightarrow$
g) $y : 0{,}5 + 2 = 14$ $\quad \rightarrow \square \rightarrow$
h) $x : 8 + 7 = 2$ $\quad \rightarrow \square \rightarrow$

4 Übersetze den Text in eine Gleichung. Schreibe dann mit Operatoren und finde die gedachte Zahl mithilfe von Umkehroperatoren.

a) Eine Zahl wird mit 8 multipliziert und dann 16 addiert. Das Ergebnis lautet 88.
b) Eine Zahl wird durch 14 dividiert und dann werden 5 subtrahiert. Das Ergebnis ist 4.
c) Addiert man 21 zum Neunfachen der gedachten Zahl, so erhält man 66.
d) Subtrahiert man 19 vom Dreifachen einer Zahl, so erhält man −1.
e) Die Summe aus dem Zwölffachen einer Zahl und 27 ist 111.
f) Vermindert man den vierten Teil einer Zahl um 5, so bleibt 1 übrig.
g) Die Summe aus dem dritten Teil einer Zahl und 28 ist 50.
h)

5 Löse mit Umkehroperatoren wie im Beispiel.

Beispiel:
Gleichung: $(x + 7) \cdot 8 = 72$
Operatoren: $x \xrightarrow{+7} \square \xrightarrow{\cdot 8} 72$
$\boxed{2} \xleftarrow{-7} \boxed{9} \xleftarrow{:8} 72$

a) $(x + 5) \cdot 7 = 91$ b) $(y - 7) \cdot 12 = 36$
c) $(z - 6) : 3 = 4$ d) $(y + 9) : 16 = 3$
e) $(x - 11) \cdot 6 = -12$ f) $(z - 0{,}5) : 2 = 4$
g) $(z + 3) \cdot (-9) = 18$ h) $(x - 10) : 0{,}5 = 40$
i) Wenn man zu einer Zahl 15 addiert und diese Summe dann mit 4 multipliziert, erhält man 100. Wie heißt die gesuchte Zahl?

Lösungen

1. a) 7, b) 6, c) −63, d) 36, e) 110, f) 49, g) −9, h) 95, i) 91, j) 126; **2.** a) x = 4, b) x · 3 + 42 = 90; x = 16; c) x : 9 + 4 = 10; x = 54; d) x : 8 − 10 = −3; x = 56; e) x · 5 + 18 = −2; x = −4; f) x : 4 + 27 = 32; x = 20; g) x · 2 − 9 = −11; x = −1; h) x · 12 + 40 = 4; x = −3; **3.** a) 4, b) 17, c) 9, d) 5, e) −3, f) 42, g) 6, h) −40; **4.** a) x · 8 + 16 = 88; x = 9; b) x : 14 − 5 = 4; x = 126; c) 9 · x + 21 = 66; x = 5; d) 3 · x − 19 = −1; x = 6; e) 12 · x + 27 = 111; x = 7; f) x : 4 − 5 = 1; x = 24; g) x : 3 + 28 = 50; x = 66; h) 7 · x + 40 = 5; x = −5; **5.** a) 8, b) 10, c) 18, d) 39, e) 9, f) 8,5, g) −5, h) 30, i) (x + 15) · 4 = 100; x = 10

7 Forme in eine äquivalente Gleichung um, aus der du die Lösung ablesen kannst. Schreibe den Zwischenschritt und die Lösungsmenge auf.

Beispiele:

$x + 9 = 17$	$x - 2{,}8 = 4{,}2$
$x + 9 - 9 = 17 - 9$	$x - 2{,}8 + 2{,}8 = 4{,}2 + 2{,}8$
$x = 8$	$x = 7$
$L = \{8\}$	$L = \{7\}$

a) $x + 7 = 16$ b) $x + 9 = 22$
c) $x + 11 = 21$ d) $x + 21 = 80$
e) $x + 45 = 89$ f) $x + 71 = 100$
g) $x + 16 = -15$ h) $x + 2 = -1$
i) $x + 46 = -89$ j) $x - 17 = 15$
k) $x - 5 = -2$ l) $x - 8 = 0$
m) $x - 55 = 45$ n) $x - 72 = -5$
o) $x - 9 = -15$ p) $x - 3 = 99$
q) $x - 7 = -7$ r) $x - 41 = 22$

8 Löse die Gleichungen.

a) $x + 13{,}5 = 17$ b) $x - 8{,}4 = -5{,}4$
c) $x - 10{,}4 = 0{,}6$ d) $x - 17{,}8 = 16{,}7$
e) $x + 24{,}5 = 2{,}6$ f) $x - 0{,}7 = 12{,}8$
g) $x + 2{,}7 = -6{,}9$ h) $x - 7{,}8 = 22{,}5$
i) $x - 9 = -11{,}7$ j) $x + 12 = -47{,}7$
k) $x + 77{,}3 = 13{,}4$ l) $x + 6{,}13 = 4{,}5$
m) $x - 1{,}23 = -2{,}47$ n) $x + 22{,}4 = -14{,}32$
o) $x + 0{,}29 = 0{,}57$ p) $x - 25{,}47 = -23{,}81$

9 Löse die Gleichungen. Die Buchstaben in den Ballons bilden als Lösungswort den Namen eines berühmten Wissenschaftlers, von hinten gelesen.

a) $x + 33{,}4 = 12{,}7$
b) $x + 48{,}21 = -2{,}59$
c) $x + 55 = 72{,}2$
d) $x - 21{,}8 = -5{,}9$
e) $x + 44 = -103{,}7$
f) $x - 29 = -49{,}7$
g) $x - 44{,}2 = -95$
h) $x + 87{,}5 = 104{,}7$

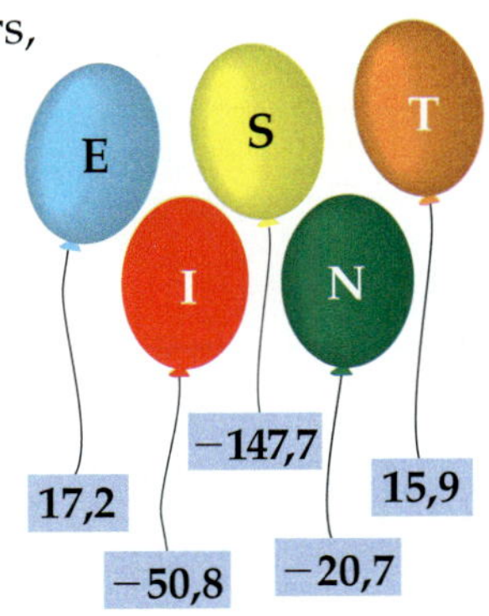

___ ___ ___ ___ ___ ___ ___ ___
a b c d e f g h

10 Löse die Gleichungen.

a) $x + \frac{2}{3} = \frac{1}{3}$ b) $x - \frac{2}{5} = \frac{2}{5}$ c) $x - \frac{1}{2} = \frac{1}{2}$
d) $x - \frac{1}{8} = \frac{3}{4}$ e) $x + \frac{4}{7} = -\frac{1}{3}$ f) $x + \frac{5}{12} = \frac{5}{6}$
g) $x - \frac{4}{9} = -\frac{2}{3}$ h) $x + \frac{4}{11} = -\frac{1}{2}$ i) $x + \frac{5}{13} = -\frac{8}{13}$

11 Die Variable muss nicht immer x sein.

a) $m + 138 = 48$ b) $\frac{z}{7} = -\frac{3}{7}$
c) $y + 3{,}86 = -0{,}3$ d) $-0{,}7t = -2{,}1$
e) $-0{,}05n = 6$ f) $-x = 32{,}31$
g) $v + 7{,}8 = -6$ h) $z + \frac{4}{7} = 1$
i) $w + 7{,}65 = -3{,}6$ j) $\frac{p}{8} = 0{,}25$
k) $z - 2{,}77 = 12{,}03$ l) $\frac{1}{4}a = -2{,}75$

12 Löse wie im Beispiel.

Beispiel:

$$-\frac{x}{5} = 20$$
$$\frac{x}{-5} = 20$$
$$\frac{x}{-5} \cdot (-5) = 20 \cdot (-5)$$
$$\frac{x \cdot (-5)}{-5} = -100$$
$$x = 100$$

a) $-\frac{y}{9} = 2$ b) $-\frac{z}{8} = -\frac{9}{4}$
c) $-\frac{m}{0{,}2} = -12$ d) $-\frac{x}{9} = \frac{7}{12}$
e) $-\frac{y}{7{,}5} = 0{,}4$ f) $-\frac{z}{5} = -\frac{2}{25}$
g) $-\frac{y}{8{,}4} = -0{,}2$ h) $-\frac{x}{0{,}2} = 66$

13 Ergänze so, dass äquivalente Gleichungen entstehen. Gib auch jeweils die Lösungsmenge L an.

a)	$x + 120 = 147$	und	$2x =$ ___	$L = \{\ \}$
b)	$x +$ ___ $= 12$	und	$1{,}2x = -6$	$L = \{\ \}$
c)	$x - \frac{5}{8} = \frac{3}{8}$	und	___$x = 2{,}25$	$L = \{\ \}$
d)	$x - 8 =$ ___	und	$-\frac{x}{6} = -1$	$L = \{\ \}$

Lösungen

7. a) x = 9, b) 13, c) 10, d) 59, e) 44, f) 29, g) −31; h) −3, i) −135, j) 32, k) 3, l) 8, m) 100, n) 67, o) −6, p) 102, q) 0, r) 63; **8.** a) x = 3,5; b) 3; c) 11; d) 34,5; e) −21,9; f) 13,5; g) −9,6; h) 30,3; i) −2,7; j) −59,7; k) −63,9; l) −1,63; m) −1,24; n) −36,72; o) 0,28; p) 1,66; **9.** a) −20,7; b) −50,8; c) 17,2; d) 15,9; e) −147,7; f) −20,7; g) −50,8; h) 17,2; EINSTEIN; **10.** a) $x = -\frac{1}{3}$; b) $\frac{4}{5}$, c) 1, d) $\frac{7}{8}$, e) $\frac{5}{21}$, f) $\frac{5}{12}$, g) $-\frac{2}{9}$, h) $-\frac{19}{22}$, i) −1; **11.** a) −90; b) −3; c) −4,16; d) 3; e) −120; f) −32,31; g) −13,8; h) $\frac{3}{7}$; i) −11,25; j) 2; k) 14,8; l) −11; **12.** a) −18; b) 18; c) 2,4; d) $-5\frac{1}{4}$; e) −3; f) $\frac{2}{5}$; g) 1,68; h) −13,2; **13.** a) ergänze 54, L = {27}; b) 17, −5; c) 2,25, 1; d) −2, 6

6 Lösen durch mehrfaches Umformen

„Was macht die Mathematik?“, fragt Verena ihren Bruder Jan. „Am liebsten gar nichts“, antwortet der. „Aber im Ernst, die einfachen Gleichungen zu lösen ist ja wirklich nicht schwer. Aber wenn man jetzt mehrere Umformungen hintereinander durchführt, ist dann auch die Reihenfolge vorgeschrieben?“

„Am besten ist, du probierst bei einer Gleichung, von der du die Lösung kennst, verschiedene Wege aus.“

1. Ergänze die Umformungsschritte:

☐ $3 \cdot x + 15 = 45$ ☐
$\frac{3 \cdot x}{3} + \frac{15}{3} = \frac{45}{3}$

☐ $3 \cdot x + 15 = 45$ ☐
$3 \cdot x + 15 - 15 = 45 - 15$

☐ $x + 5 = 15$ ☐
$x + 5 - 5 = 15 - 5$
$x = 10$

☐ $3 \cdot x = 30$ ☐
$\frac{3 \cdot x}{3} = \frac{30}{3}$
$x = 10$

2. Rechne auf zwei Arten, indem du einmal zuerst eine Addition oder Subtraktion durchführst und dann einmal zunächst eine Division oder Multiplikation. Vergleiche anschließend.

a) $5x + 17 = 32$
b) $4x - 9 = 19$
c) $\frac{x}{7} - 2 = 4$
d) $3x + 23 = 5$

3. Welche Aufgabe hat die meisten Schwierigkeiten bereitet? Warum?

____

____

MEMO

Kommen in einer Gleichung mehrere Rechenarten vor, müssen wir **jede Rechenart einzeln rückgängig machen.**
Dabei ist es meistens sinnvoll, mit der Strichrechnung zu beginnen.

Die Umformungen notieren wir in Kurzform.

Beispiel:

$$\begin{aligned} 4 \cdot x - 17 &= 59 && \mid + 17 \\ 4 \cdot x - 17 + 17 &= 59 + 17 \\ 4 \cdot x &= 76 && \mid : 4 \\ \frac{4 \cdot x}{4} &= \frac{76}{4} \\ x &= 19 && L = \{19\} \end{aligned}$$

Probe:

$$\begin{aligned} 4 \cdot 19 - 17 &= 59 \\ 76 - 17 &= 59 \\ 59 &= 59 \text{ (w)} \end{aligned}$$

Lösungen

2. a) $x = 3$, b) $x = 7$, c) $x = 42$, d) $x = -6$; **3.** Wenn man bei d) erst dividiert; allgemein: Erst die Punktrechnung durchzuführen, ist meistens schwieriger.

1 Fülle die Lücken aus. Führe jeweils zunächst eine Strichrechnung durch. Notiere die Umformungen in Kurzform.

a) $6x + 25 = 49 \quad | -25$
$6x + 25$ ____ $= 49$ ____
$6x =$ ____ $\quad |$ ____
____ $= \frac{24}{6}$
$x =$ ____

b) $-7x - 13 = 29 \quad |$ ____
$-7x - 13$ ____ $= 29$ ____
$-7x =$ ____ $\quad |$ ____
$\frac{-7x}{-7} =$ ____
$x =$ ____

c) $8x + 23 = 35 \quad |$ ____
____
$8x =$ ____ $\quad |$ ____
____ $=$ ____
$x =$ ____

d) $-4x + 10 = 1 \quad |$ ____
$-4x + 10$ ____ $= 1$ ____
$-4x =$ ____ $\quad |$ ____
____ $=$ ____
$x =$ ____

e) $25x - 13 = -23 \quad |$ ____
____
$25x =$ ____ $\quad |$ ____
____ $=$ ____
$x =$ ____

f) $3{,}8x + 12 = 50 \quad |$ ____
____
$3{,}8x =$ ____ $\quad |$ ____
____ $=$ ____
$x =$ ____

g) $1{,}2x + 2{,}44 = 49 \quad |$ ____
____
$1{,}2x =$ ____ $\quad |$ ____
____ $=$ ____
$x =$ ____

h) $-72x + 156 = -60 \quad |$ ____
____
$-72x =$ ____ $\quad |$ ____
____ $=$ ____
$x =$ ____

2 Löse die Gleichungen. Führe zunächst immer eine Umformung aus dem Topf der Strichrechnungen und anschließend eine aus dem Topf der Punktrechnungen durch. Die Lösungen sind alle im 3. Topf vorhanden. Es ergeben sich drei Lösungswörter. Trage die Buchstaben jeweils unter dem Topf ein.

a) $4x + 17 = -31$
b) $18 - 2x = 4$
c) $\frac{2}{3}x + 7 = 5$
d) $2{,}7x - 1{,}6 = 20$
e) $4{,}75 + 9x = 16$
f) $8x - 13{,}25 = 12{,}75$
g) $\frac{4}{5}x + 9 = 1$
h) $32 - 24x = 20$

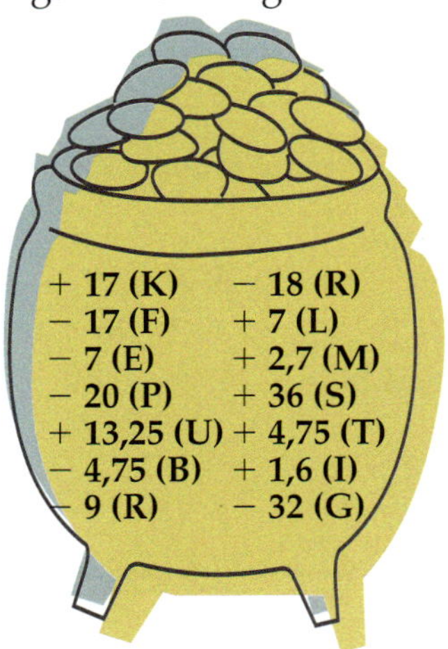

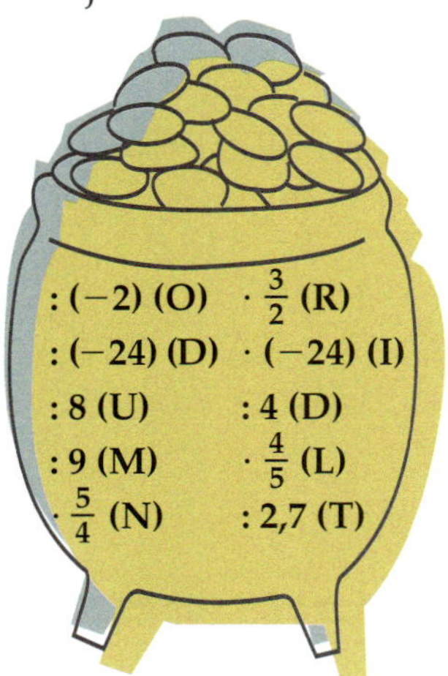

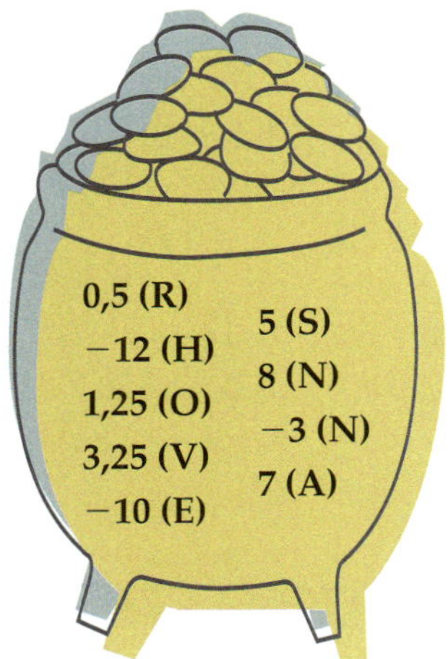

Lösungswörter: _ _ _ _ _ _ _ _   _ _ _ _ _ _ _ _   _ _ _ _ _ _ _ _

Lösungen

1. a) 4, b) –6, c) 1,5, d) 2,25, e) –0,4, f) 10, g) 38,8, h) 3; **2.** a) –12, b) 7, c) –3, d) 8, e) 1,25, f) 3,25, g) –10, h) 0,5: FREIBURG, DORTMUND, HANNOVER

1 Forme in eine äquivalente Gleichung um, aus der du die Lösung ablesen kannst. Schreibe die Zwischenschritte und die Lösungsmenge auf. Mache eine Probe.

Beispiel:

$$2x + 9 = 25 \quad | -9$$
$$2x + 9 - 9 = 25 - 9$$
$$2x = 16 \quad | :2$$
$$\frac{2x}{2} = \frac{16}{2}$$
$$x = 8$$
$$L = \{8\}$$

Probe:
$$2 \cdot 8 + 9 = 25$$
$$16 + 9 = 25$$
$$25 = 25 \text{ (w)}$$

a) $3x + 7 = 16$ b) $2x + 8 = 22$
c) $14x + 11 = -3$ d) $4x + 21 = 81$
e) $11x + 45 = 89$ f) $-3x + 73 = 100$
g) $-2x + 17 = -15$ h) $-x + 2 = -1$
i) $5x + 46 = -89$ j) $16x - 17 = 15$
k) $-3x - 8 = -2$ l) $4x - 48 = 0$
m) $10x - 55 = 45$ n) $-7x - 72 = -16$

2 Löse die Gleichungen und mache eine Probe.

a) $4x - 118 = 210$ b) $340 - 78x = 28$
c) $114x + 500 = 158$ d) $820 - 45x = 1000$
e) $-28 - 78x = 50$ f) $200 - 3x = 23$
g) $19x + 1400 = 13$ h) $271 - 15x = 31$
i) $10x + 279 = -91$ j) $77 - 12x = -211$
k) $212x + 1800 = 104$ l) $2300 - 317x = 81$

3 Bestimme die Lösungsmenge. Mache eine Probe.

a) $7x - 14{,}4 = 6{,}6$ b) $12x + 13{,}9 = -10{,}1$
c) $24{,}3 - 6x = -23{,}7$ d) $38{,}4 - 14x = -31{,}6$
e) $13{,}6 - x = 14{,}6$ f) $80{,}6 + 5x = 15{,}6$
g) $41{,}6 - 4x = -26{,}4$ h) $140{,}4 - 21x = 14{,}4$
i) $-27{,}3 - 14x = 126{,}7$ j) $22x + 101{,}7 = -52{,}3$
k) $28{,}7 + 12x = 316{,}7$ l) $4x + 71{,}2 = -4{,}8$

4 Löse die Gleichungen. Beginne immer mit einer Addition oder Subtraktion.

a) $3x + \frac{2}{3} = \frac{1}{3}$ b) $-2x - \frac{2}{5} = \frac{2}{5}$
c) $\frac{1}{2}x - \frac{1}{8} = \frac{1}{4}$ d) $\frac{1}{4}x - \frac{4}{7} = \frac{3}{7}$
e) $-2x - \frac{4}{9} = -\frac{2}{3}$ f) $19x + \frac{4}{11} = -\frac{1}{2}$
g) $5x - \frac{1}{2} = \frac{1}{2}$ h) $5x + \frac{5}{12} = -\frac{5}{6}$
i) $-x + \frac{5}{13} = -\frac{8}{13}$ j) $\frac{3}{7}x + 16 = -11$

5 Löse die Gleichungen. Notiere die Umformungen.

a) $5x + 13{,}5 = 17$ b) $2x - 8{,}4 = -5{,}4$
c) $11x - 10{,}4 = 0{,}6$ d) $4x - 17{,}7 = 16{,}7$
e) $2x + 24{,}6 = 2{,}6$ f) $-x - 0{,}7 = 12{,}8$
g) $8x + 2{,}7 = -6{,}9$ h) $-3x - 7{,}8 = 22{,}5$
i) $9x - 9 = -11{,}7$ j) $3x + 12 = -47{,}7$
k) $7x + 77{,}1 = 13{,}4$ l) $-x + 6{,}1 = 4{,}5$

6
a) $15 - 5y = 7$
b) $3z + 47 = 41{,}6$
c) $9m + 41 = -22$
d) $6a - 7 = -7$
e) $24{,}4 - 8s = 7{,}6$
f) $13t + 41{,}7 = 104{,}1$
g) $18{,}7 + 14y = -23{,}3$
h) $48z + 68{,}6 = -3{,}4$
i) $4{,}7 + 3a = 29{,}9$
j) $35{,}4 - 9b = 3$
k) $17t - 20{,}1 = -100$
l) $26 + 8m = 2{,}8$

7 Löse die Gleichungen.

a) $4x - 1{,}23 = -2{,}47$ b) $6x + 22{,}4 = -14{,}32$
c) $-7x + 0{,}29 = 0{,}57$ d) $-8x + 10{,}4 = 0{,}32$
e) $8{,}14 + 6x = 10{,}96$ f) $10x - 18{,}42 = 4{,}98$
g) $12x - 1{,}24 = -0{,}88$ h) $-2x - 25{,}47 = -23{,}81$

Lösungen

1. a) x = 3; b) 7; c) –1; d) 15; e) 4; f) –9; g) 16; h) 3; i) –27; j) 2; k) –2; l) 12; m) 10; n) –8; **2.** a) x = 82; b) 4; c) –3; d) –4; e) –1; f) 59; g) –73; h) 16; i) –37; j) 24; k) –8; l) 7; **3.** a) x = 3; b) –2; c) 8; d) 5; e) –1; f) –13; g) 17; h) 6; i) –11; j) –7; k) 24; l) –19; **4.** a) $x = -\frac{1}{9}$; b) $-\frac{2}{5}$; c) $\frac{3}{4}$; d) 4; e) $\frac{1}{9}$; f) $-\frac{1}{22}$; g) $\frac{1}{5}$; h) $-\frac{1}{4}$; i) 1; j) –63; **5.** a) x = 0,7; b) 1,5; c) 1; d) 8,6; e) –11; f) –13,5; g) –1,2; h) –10,1; i) –0,3; j) –19,9; k) –9,1; l) 1,6; **6.** a) y = 1,6; b) –1,8; c) –7; d) 0; e) 2,1; f) 4,8; g) –3; h) –1,5; i) 8,4; j) 3,6; k) –4,7; l) –2,9; **7.** a) x = –0,31; b) –6,12; c) –0,04; d) 1,26; e) 0,47; f) 2,34; g) 0,03; h) –0,83

8 Löse die Gleichungen.

a) $2{,}4x - 13{,}2 = 13{,}2$ b) $24{,}8 - 8{,}4z = 33{,}2$
c) $4{,}4y + 33{,}33 = 28{,}49$ d) $0{,}02y + 222{,}2 = 222{,}22$
e) $5{,}55 - 0{,}5z = 5{,}5$ f) $-11{,}1s - 12{,}11 = 111{,}1$
g) $12{,}3z + 1{,}23 = 13{,}53$ h) $4{,}96 - 0{,}3y = 4{,}99$

9 Löse die Gleichungen. Als Lösungen erhältst du die geraden Zahlen von 2 bis 20.

a) $6 - 2x = -14$ b) $25 + 13x = 77$
c) $-8x + 120 = -40$ d) $3{,}8x - 32{,}4 = 36$
e) $9 - 1{,}5x = 0$ f) $56 + 12x = 200$
g) $3{,}25x - 42 = -16$ h) $-18{,}4x - 17{,}6 = -54{,}4$
i) $1{,}6x + 14{,}4 = 40$ j) $29 - 2{,}7x = -8{,}8$

10 Löse die Gleichungen. Die Buchstaben neben den Lösungen bilden in der Reihenfolge der Aufgaben eine Hauptstadt, die in der Zeichnung versteckt ist.

a) $-1{,}9x - 2{,}53 = 1{,}27$
b) $-17x + 48{,}21 = -2{,}79$
c) $16x - 55{,}8 = 72{,}2$
d) $8x - 21{,}9 = -5{,}9$
e) $-37x + 44{,}3 = -103{,}7$
f) $5x - 29{,}7 = -49{,}7$
g) $-0{,}6x - 4{,}56 = -2{,}76$
h) $3{,}2x - 8{,}73 = 10{,}47$

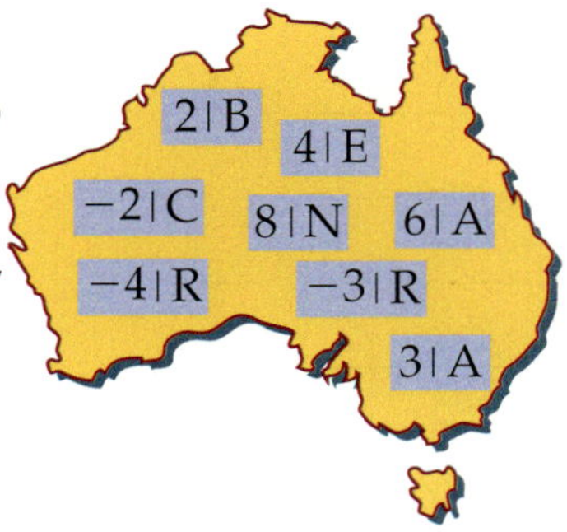

Lösungswort: __ __ __ __ __ __ __ __

11 Übersetze den Text in eine Gleichung und löse sie. Alle Lösungen sind ganze Zahlen.

a) Eine Zahl wird mit 4,3 multipliziert und dann werden 46,9 addiert. Das Ergebnis lautet 77.
b) Das 8,7fache einer Zahl wird um 34,7 vermehrt. Das Ergebnis ist 200.
c) Addiert man 52,8 zum 2,1fachen der gedachten Zahl, so erhält man 99.
d) Subtrahiert man 17 vom Fünffachen einer Zahl, so erhält man −132.

12 Löse die Gleichungen wie im Beispiel.

Beispiel:

$$
\begin{aligned}
-18{,}4 &= 4{,}3x - 29{,}15 && \mid +29{,}15\\
-18{,}4 + 29{,}15 &= 4{,}3x - 29{,}15 + 29{,}15\\
10{,}75 &= 4{,}3x && \mid :4{,}3\\
\tfrac{10{,}75}{4{,}3} &= \tfrac{4{,}3x}{4{,}3}\\
2{,}5 &= x\\
x &= 2{,}5\\
L &= \{2{,}5\}
\end{aligned}
$$

Probe:
$-18{,}4 = 4{,}3 \cdot 2{,}5 - 29{,}15$
$-18{,}4 = 10{,}75 - 29{,}15$
$-18{,}4 = -18{,}4$ (w)

a) $15 = 2x + 9$
b) $93 = 4x - 3$
c) $-78 = 24 + 6x$
d) $15{,}7 = 5{,}9 + 14x$
e) $-22{,}3 = -2{,}4x + 28{,}1$
f) $22{,}6 = \frac{1}{2}x - 7{,}9$
g) $\frac{7}{8} = -x + \frac{1}{4}$
h) $11{,}3 = -10x + 2{,}3$
i) $0{,}375 = 2x + \frac{3}{8}$

13 Die Klassen 8a, 8b und 8c haben auf dem Flohmarkt gute Geschäfte gemacht. Dabei hat sich jede Klasse auf ein Verkaufsprodukt beschränkt. Nenne die Anzahl der verkauften Produkte x und berechne, wie viele Stücke ihres Produktes jede Klasse verkauft hat.

8a: „Wir haben Kassetten verkauft. Wenn wir unsere Unkosten von 23,47 € abziehen, haben wir einen Gewinn von 109,53 € gemacht."

8b: „Durch unseren Bücherverkauf und Spenden von 25,62 € haben wir 128,12 € eingenommen."

8c: „Unsere Comics waren schon nach 2 Stunden ausverkauft. Wir haben noch Getränke für 63,50 € verkauft und insgesamt 115,50 € umgesetzt."

Lösungen

8. a) x = 11, b) −1, c) −1,1, d) 1, e) 0,1, f) −11,1, g) 1, h) −0,1; **9.** a) x = 10, b) 4, c) 20, d) 18, e) 6, f) 12, g) 8, h) 2, i) 16, j) 14; **10.** a) x = −2; b) 3; c) 8; d) 2; e) 4; f) −4; g) −3; h) 6; CANBERRA; **11.** a) Gleichung: $4{,}3x + 46{,}9 = 77$; x = 7; b) $8{,}7x + 34{,}7 = 200$; x = 19; c) $2{,}1x + 52{,}8 = 99$; x = 22; d) $5x - 17 = -132$; x = −23; **12.** a) x = 3, b) 24, c) −17, d) 0,7, e) 21, f) 61, g) $-\frac{5}{8}$, h) −0,9, i) 0; **13.** 8a: $1{,}75 \cdot x - 23{,}47 = 109{,}53$; x = 76; 8b: $2{,}50 \cdot x + 25{,}62 = 128{,}12$; x = 41; 8c: $0{,}80 \cdot x + 63{,}50 = 115{,}50$; x = 65

7 Variable auf beiden Seiten – Lösungsverfahren

„Darf man auch auf beiden Seiten einer Gleichung einen Term wie 3x subtrahieren?“, möchte Jan von seiner Schwester wissen. „Die Variable x steht ja für eine Zahl, zum Beispiel für 5. $3 \cdot x$ hat dann den Wert 15, also subtrahierst du ja auf beiden Seiten 15“, antwortet Verena.

1. Jan und Verena lösen die Gleichung $3x + 7 = 5x - 1$ auf zwei Arten. Vervollständige die Lücken.

Jan		Verena	
$3x + 7 = 5x - 1$	$\mid -7$	$3x + 7 = 5x - 1$	$\mid -3x$
$3x + 7 - 7 = 5x - 1 - 7$		______ = ______	
$3x = 5x - 8$	$\mid -5x$	______ = ______	$\mid +1$
$3x - 5x = 5x - 5x - 8$		______ = ______	
$-2x = -8$	$\mid : (-2)$	______ = ______	$\mid$ ____
$\frac{-2x}{-2} = \frac{-8}{-2}$		______ = ______	
$x = 4$		$4 = x$	

2. Löse folgende Gleichungen:

a) $7x - 12 = 5x + 18$ b) $8x + 27 = 11x + 15$ c) $4{,}2x + 8 = -2x + 20{,}4$

MEMO

Wenn in einer Gleichung die Variable mehrfach vorkommt oder auch auf beiden Seiten, vereinfachen wir die Gleichung durch Umformungen so weit, dass wir die Lösung unmittelbar ablesen können.

Dabei ist ein wichtiger Zwischenschritt das Ordnen der Terme mit der Variablen auf einer Seite der Gleichung.

1. eventuell Terme zusammenfassen	**1.** $6x + 12x - 3 = 4x - 18 + 1$ $18x - 3 = 4x - 17 \quad \mid -4x$
2. Terme mit Variable auf einer Seite zusammenfassen	**2.** $18x - 4x - 3 = 4x - 4x - 17$ $14x - 3 = -17 \quad \mid +3$
3. Terme ohne Variable auf der anderen Seite zusammenfassen	**3.** $14x - 3 + 3 = -17 + 3$ $14x = -14 \quad \mid : 14$
4. Division durch die Vorzahl der Variable	**4.** $\frac{14x}{14} = \frac{-14}{14}$ $x = -1$

Lösungen

2. a) x = 15, b) x = 4, c) x = 2

1 Schreibe zu jedem Bild die Gleichung auf. Notiere die Umformungsschritte. Vervollständige die Bilder.

a)

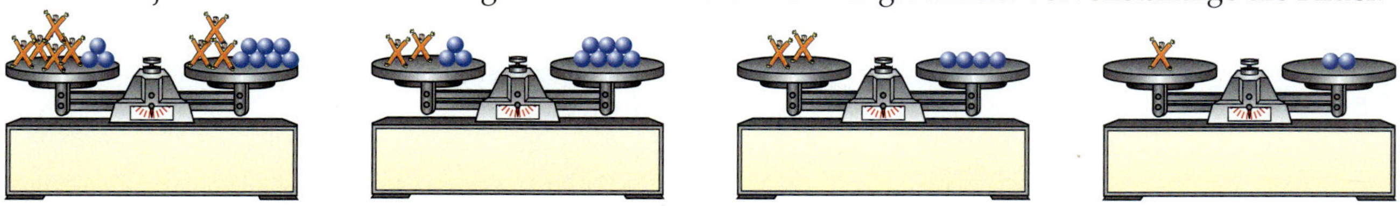

$5x + 3 = 3x + 7$ | ☐ ______ | ☐ ______ | ☐ ______

b)

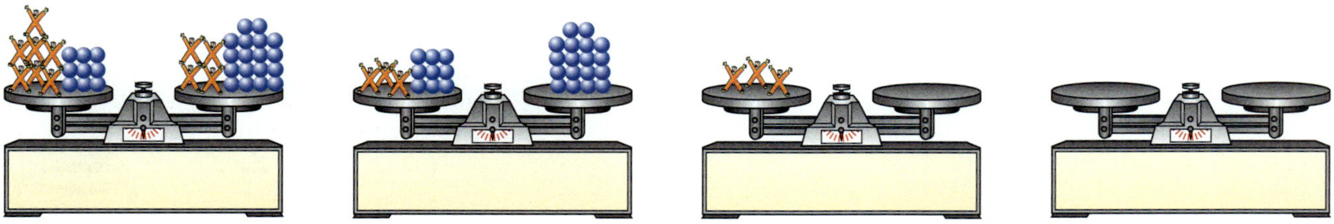

______ | ☐ ______ | ☐ ______ | ☐ ______

c)

______ | ☐ ______ | ☐ ______ | ☐ ______

2 In jeder Aufgabe sollst du drei Umformungen durchführen: zuerst die Variable auf der linken Seite zusammenfassen, anschließend eine Zahl addieren oder subtrahieren und dann durch eine Zahl dividieren. Die Umformungsschritte findest du unten. Trage sie in die Kästchen ein, den darüber stehenden Buchstaben neben das Kästchen. Wenn du nun die erste Zeile von jeder Aufgabe liest, dann die zweite und dritte, erhältst du den Lösungssatz.

a) $6x - 9 = 4x - 6$ | $-4x$ O
$2x - 9 = -6$ | $+9$ O
$2x = 3$ | ☐ ___
$x = 1{,}5$

b) $9x + 14 = 2x - 7$ | ☐ ___
______ | ☐ ___
______ | ☐ ___
x = ______

c) $13x - 5 = 8x + 28$ | ☐ ___
______ | ☐ ___
______ | ☐ ___
x = ______

d) $2x - 11 = 7x - 6$ | ☐ ___
______ | ☐ ___
______ | ☐ ___
x = ______

e) $4x + 13 = x - 26$ | ☐ ___
______ | ☐ ___
______ | ☐ ___
x = ______

f) $x - 13 = 5x - 89$ | ☐ ___
______ | ☐ ___
______ | ☐ ___
x = ______

O	A	H	N	H	P	E	R	K	B	O	E
− 4x	+ 2x	+ 8x	− 8x	− 2x	− x	− 7x	− 5x	+ 6	− 14	+ 9	+ 11
L	T	M	E	G	S	Z	L	Ö	E	I	T
+ 5	+ 26	− 13	+ 13	: 2	: 3	: (−3)	: 5	: (−5)	: 7	: 4	: (−4)

Lösung:

O ___ ___ ___ ___ ___ ___ O ___ ___

___ ___ ___ ___ ___ ___ ___ ___ ___ ___

Lösungen

1. a) $5x + 3 = 3x + 7$; $x = 2$, b) $7x + 6 = 4x + 18$; $x = 3$, c) $4x + 14 = 6x + 6$; $x = 4$, **2.** a) $x = 1{,}5$, b) $x = -3$, c) $x = 6{,}6$, d) $x = -1$, e) $x = -13$, f) $x = 19$, OHNE PROBLEME GELÖST

1 Löse die Gleichungen wie im Beispiel. Notiere die Umformungen und mache die Probe.

Beispiel:

$$\begin{aligned} 2x + 3 &= 4x + 9 && \mid -4x \\ 2x - 4x + 3 &= 4x - 2x + 9 \\ -2x + 3 &= 9 && \mid -3 \\ -2x + 3 - 3 &= 9 - 3 \\ -2x &= 6 && \mid :(-2) \\ \frac{-2x}{-2} &= \frac{6}{-2} \\ x &= -3 \end{aligned}$$

$L = \{-3\}$ Probe:

$$\begin{aligned} 2 \cdot (-3) + 3 &= 4 \cdot (-3) + 9 \\ -6 + 3 &= -12 + 9 \\ -3 &= -3 \quad \text{(w)} \end{aligned}$$

a) $2x + 7 = 5x - 5$
b) $8x - 1 = 6x + 11$
c) $9x - 6 = 4x - 1$
d) $13x - 15 = 7x + 27$
e) $x + 14 = 4x - 1$
f) $10x + 41 = 6x - 35$
g) $5x - 81 = 12x - 18$
h) $2x - 16 = 15x - 3$
i) $30x + 21 = 7x - 48$
j) $14x + 120 = 6x + 100$
k) $12x - 13 = 14x + 15$
l) $2x + 22 = 222x + 2222$

2 Löse die Gleichungen. Notiere die Umformungen und mache die Probe.

a) $-3y + 4 = 2y - 6$
b) $8z + 9 = -3z - 13$
c) $-4a - 7 = 2a + 11$
d) $24b + 78 = -12b - 66$
e) $-7 - 3z = -z + 3$
f) $48 - 19z = -17z + 32$
g) $29 - 67s = -66s + 30$
h) $-y + 47 = 6y - 2$

3 Löse die Gleichungen und mache die Probe. Notiere die Umformungen.

a) $6{,}2x + 1{,}8 = 4{,}7x + 7{,}8$
b) $13{,}4x - 7{,}9 = 10{,}9x + 12{,}1$
c) $8{,}1x + 2{,}9 = 13{,}4x - 23{,}6$
d) $17{,}3 - 11{,}6x = 3{,}9x + 32{,}8$
e) $6{,}35x + 1{,}8 = 1{,}37x + 51{,}6$
f) $1{,}23x + 4{,}56 = -5{,}67x - 2{,}34$

4 Löse die Gleichungen. Notiere die Umformungen und mache die Probe.

a) $-1{,}7x + 32{,}5 = -10{,}3x + 11$
b) $9{,}8x - 7{,}6 = 5{,}4x - 3{,}2$
c) $-2{,}6y + 4{,}7 = -4{,}9y + 5{,}39$
d) $4{,}83 - 1{,}2y = 5{,}59 - 5y$
e) $-8 - 6{,}5z = -4z - 1{,}75$
f) $3{,}2z - 14 = -8{,}4z - 8{,}2$

5 Bestimme die Lösungsmenge und mache die Probe. Alle Lösungen sind in der Sanduhr.

a) $\frac{2}{5}x - 3 = \frac{1}{2}x - 4$
b) $\frac{1}{6}x + 1 = \frac{1}{3}x - 1$
c) $\frac{5}{8}x + 7 = \frac{7}{10}x + 4$
d) $2\frac{1}{2}x + 8 = 3\frac{1}{4}x + 11$
e) $8 - \frac{1}{7}x = \frac{3}{5}x - 18$
f) $5\frac{2}{3}x + 7 = 4\frac{1}{6}x + 2\frac{1}{2}$

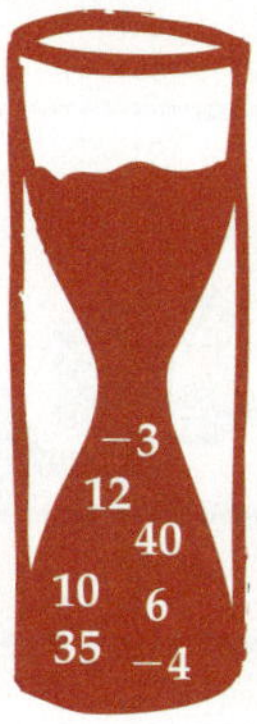

6 Alle Lösungen sind echte Brüche. Denke daran zu kürzen, wenn es möglich ist.

a) $3x + 5 = 7x + 3$
b) $17x + 19 = 11 + 31x$
c) $9x - 23 = 13 - 51x$
d) $-17x - 39 = -18 - 50x$
e) $-9x - 32 = -15x - 27$
f) $19x + 5\frac{1}{4} = 6{,}25 + 13x$

7 Die Lösungen sind die natürlichen Zahlen von 1 bis 8. Trage die Variable bei der jeweiligen Lösung ein. Das Lösungswort bezeichnet sagenhafte Gestalten.

a) $10{,}2p - 14{,}2 = 27{,}8 + 3{,}2p$
b) $5l - 2{,}1 = 44{,}7 - 6{,}7l$
c) $4y + 17 = 18 + 3\frac{1}{2}y$
d) $43 - 12e = 400 - 63e$
e) $1{,}24n - 32{,}12 = -2{,}52 - 2{,}46n$
f) $1{,}6z + 6{,}6 = 8{,}6 - 4{,}4z$
g) $-2{,}2k - 10 = -2{,}8 - 4{,}6k$
h) $5{,}66o - 28{,}5 = 271{,}5 - 54{,}34o$

1	2	3	4	5	6	7	8

Lösungen

1. a) 4, b) 6, c) 1, d) 7, e) 5, f) −19, g) −9, h) −1, i) −3, j) −2,5, k) −14, l) −10; **2.** a) 2, b) −2, c) −3, d) −4, e) −5, f) 8, g) −1, h) 7; **3.** a) 4, b) 8, c) 5, d) −1, e) 10, f) −1; **4.** a) −2,5, b) 1, c) 0,3, d) 0,2, e) −2,5, f) 0,5; **5.** a) 10, b) 12, c) 40, d) −4, e) 35, f) −3; **6.** a) $\frac{1}{2}$, b) $\frac{4}{7}$, c) $\frac{3}{5}$, d) $\frac{7}{11}$, e) $\frac{5}{6}$, f) $\frac{1}{6}$; **7.** a) 6, b) 4, c) 2, d) 7, e) 8, f) 1, g) 3, h) 5: ZYKLOPEN

8 Fasse zunächst alle gleichartigen Terme zusammen. Bestimme dann die Lösungsmenge.

Beispiel:

$6x + 3 - 2x + 8 = 5x + 7 + 12 - 3x$ | zusammenfassen
$4x + 11 = 2x + 19$ | $-2x$
$4x - 2x + 11 = 2x - 2x + 19$
$2x + 11 = 19$ | -11
$2x + 11 - 11 = 19 - 11$
$2x = 8$ | $:2$
$\frac{2x}{2} = \frac{8}{2}$
$x = 4$
$L = \{4\}$

Probe:
$6 \cdot 4 + 3 - 2 \cdot 4 + 8 = 5 \cdot 4 + 7 + 12 - 3 \cdot 4$
$24 + 3 - 8 + 8 = 20 + 7 + 12 - 12$
$27 = 27$ (w)

a) $2y + 4 - 8y = 6 + 5y + 9$
b) $4x + 7 - 19 = 5 + 21x - 18x + 3$
c) $18 - 21y + 13 = 9y + 17 + 4y + 48$
d) $21z + 25 - 12 = 38z - 12 + 17z - 9$
e) $2x + 5 + 4x + 9 = -x - 21 - 7$
f) $74 + 22y + 9y + 11 = 38y + 17y + 11y + 71$
g) $6z - 38 - 17z = 28z + 91 - 32z - 45$
h) $-14y + 27 + 12y - 51 = -17y - 21 + 5y - 13$

9 Fasse erst gleichartige Terme zusammen.

a) $2{,}3x - 4{,}7 + 1{,}8x = 8{,}4x - 1{,}6 + 1{,}2$
b) $5x - 2{,}8 - 2x = 8{,}7 - 4x + 2{,}5$
c) $0{,}7 - z - 0{,}4z = 3{,}2z - 3{,}5 - 2{,}7$
d) $3{,}4b + 7{,}1b + 8{,}6b = 9{,}1b + 2{,}5 + 8{,}5$
e) $17 + 3{,}7x + 8{,}2x = 24x - 8{,}3x + 9{,}4$
f) $-3x - 1{,}4 - 2{,}7x = -9 - 5x - 11{,}3$
g) $3{,}8z + 5{,}3 - 2{,}9z = -8{,}7 + 3{,}1z + 3$
h) $-9{,}6 + 8{,}5b + 6{,}3 = -4{,}6b + 8{,}7 - 2{,}9b$

10 Löse die Gleichungen. Fasse zunächst gleichartige Terme zusammen.

a) $83z + 47z - 21 + 15z = 22 + 138 + 128z - 28$
b) $z + 12z + 17z = 51z - 12{,}5 + 21{,}5 - z + 9$
c) $111z - 22 + 33z = 44 + 55z + 66 - 77z + 200$
d) $71x - 237 + 19x + 150 = -18x + 19 + 97x + 26$
e) $4{,}7y - 2{,}8 + 1{,}2 - 6{,}3y = 8{,}2y + 11{,}4 + 3{,}2y + 13$
f) $8{,}25y + 10{,}73 - 18{,}34 + 2y = 4{,}7y - 5 + 1{,}65y + 4{,}8$

11 Die Lösungen sind natürliche Zahlen.

a) $\frac{1}{6}x + \frac{1}{2} = 1\frac{1}{3}x - \frac{2}{3}$
b) $\frac{4}{9}x - 3\frac{3}{4} = -\frac{5}{12} - \frac{7}{18}x$
c) $\frac{1}{3}x - 1 = 2\frac{1}{2} - \frac{5}{6}x$
d) $2\frac{1}{2}x - 3\frac{2}{3} = 2 - \frac{1}{3}x$
e) $2\frac{1}{4}x - 2\frac{1}{3} = 1\frac{5}{8}x + 5\frac{1}{6}$
f) $4\frac{1}{7}x + 2\frac{1}{3} = 7\frac{3}{14}x - 83\frac{2}{3}$

12 Stelle zu jeder Probe eine Gleichung auf und löse sie anschließend.

Beispiel:

Probe:
$4 \cdot 2 - 6 + 5 \cdot 2 - 8 + 3 \cdot 2 = 7 \cdot 2 - 9 \cdot 2 + 14$

Gleichung:
$4x - 6 + 5x - 8 + 3x = 7x - 9x + 14$

a) $2 \cdot (-5) + 3 \cdot (-5) - 12 + 17 = 8 - 13 + 4 \cdot (-5) + 5$
b) $-6 \cdot 4 + 3{,}2 + 8{,}4 + 2{,}4 \cdot 4 = 2 \cdot 4 + 6{,}2 \cdot 4 - 35{,}6$
c) $59{,}4 + 1{,}2 \cdot 8 - 37 + 2{,}4 \cdot 8 - 17{,}6 = 1{,}8 \cdot 8 + 2{,}4 \cdot 8$
d) $2 \cdot 0{,}1 - 6{,}3 + 3 \cdot 0{,}1 - 9 \cdot 0{,}1 = 14{,}7 - 4 \cdot 0{,}1 - 21$
e) $-3{,}5 \cdot 2 + 1{,}75 \cdot 2 + 8 - 3 \cdot 2 = 2{,}75 \cdot 2 - 17{,}5 + 10{,}5$
f) $2 \cdot (-1) + 7 + 5 \cdot (-1) + 13 \cdot (-1) = 6 + 8 \cdot (-1) - 11$

13 Alle Lösungen sind gerade ganze Zahlen. Die Summe aller Lösungen beträgt 0!

a) $3x + 5 + 7x - 3 + 12x = 1{,}8x + 7{,}3 + 6{,}2x + 22{,}7$
b) $1{,}5z + 3{,}5 - 8{,}3 + 2{,}5z = 4z - 6z + 18 - 2z + 9{,}2$
c) $0{,}9y + 0{,}4y + 0{,}3y + 1 = 2{,}1y + 2{,}3y + 2{,}7y - 54$
d) $234z - 180 + 51 + 43z = 18z - 752 - 6z - 437$
e) $10y - 1{,}23y - 7{,}2y + 1 = 3{,}21 - 0{,}37y + 2y - 1{,}73$
f) $99x + 999 - 9{,}9x - 99{,}9 = x - 200 + 17{,}9 - 2x$
g) $2\frac{1}{2}x + 2 - 1\frac{1}{2}x - \frac{1}{4}x = 4\frac{3}{4}x - 2\frac{1}{4}x + 17 - 3x - 5$

a		b		c		d		e		f		g	
	+		+		+		+		+		+		= 0

Lösungen

8. a) −1, b) 20, c) −1, d) 1, e) −6, f) 0,4, g) −12, h) −1; **9.** a) −1, b) 2, c) 1,5, d) 1,1, e) 2, f) 27, g) 5, h) 0,75; **10.** a) 9,
b) −0,9, c) 2, d) 12, e) −2, f) 1,9; **11.** a) 1, b) 4, c) 3, d) 2, e) 12, f) 28; **13.** a) 2, b) 4, c) 10, d) −4, e) −8, f) −12, g) 8

8 Lösungsverfahren bei Ungleichungen

Als die Klasse 8d am Morgen zum Tagesausflug aufbricht, muss Karsten in der Herberge bleiben, da es ihm schlecht geht. Nach ein paar Stunden ist er natürlich wieder fit. „Bevor du dich langweilst, kannst du mit unserem Zivi zum Baumarkt fahren und Fliesen abholen“, meint der Herbergsvater. Das lässt sich Karsten nicht zweimal sagen. Als er die vielen Fliesenpakete sieht, wird er skeptisch. „Ich würde erst mal ausrechnen, ob wir die alle mitnehmen dürfen.“

1. Karsten stellt eine Ungleichung auf: $12 \cdot x + 132 \leq 420$.
Erkläre, wofür die einzelnen Bestandteile stehen.

2. Forme die Ungleichung nach den Rechenanweisungen um:

$12 \cdot x + 132 \leq 420$ | − 132

_______________ ≤ _______________ | : 12

x ≤ _______________

3. Wie viele Pakete Fliesen dürften sie höchstens mitnehmen, wenn ein Paket 16 kg wiegen würde und das Fahrzeug eine erlaubte Zuladung von 580 kg hätte? Stelle eine Ungleichung auf und löse sie.

_______________ ≤ _______________ | −

_______________ ≤ _______________ | :

x ≤ _______________

MEMO

Wir nennen Ungleichungen äquivalent, wenn sie dieselbe Lösungsmenge besitzen. Um diese Lösungsmenge ablesen zu können, formen wir die Ungleichung um.

Beispiele:
$x < 4$ bedeutet, dass alle rationalen Zahlen, die kleiner als 4 sind, zur Lösungsmenge der Ungleichung gehören.
Die Lösungsmenge können wir auch so beschreiben:
$L = \{x \in \mathbb{Q} \mid x < 4\}$
lies: Menge aller x aus $\mathbb{Q}$, für die gilt: x ist kleiner als 4

$x \geq 15$ bedeutet, dass alle rationalen Zahlen, die größer oder gleich 15 sind, zur Lösungsmenge der Ungleichung gehören.
Die Lösungsmenge können wir auch so beschreiben:
$L = \{x \in \mathbb{Q} \mid x \geq 15\}$
lies: Menge aller x aus $\mathbb{Q}$, für die gilt: x ist größer oder gleich 15.

Lösungen

1. 12: Gewicht Fliesenpaket, x: Anzahl Fliesenpakete, 132: Gewicht der Insassen, 420: Zuladung; **2.** $12x \leq 288$, $x \leq 24$; **3.** $16 \cdot x + 132 \leq 580$, $x \leq 28$

Karin und Tina sollen die Ungleichung $2x + 5 < 4x - 7$ lösen. Die beiden Lösungswege unterscheiden sich ebenso wie die Lösungen. Wo liegt der Fehler?

$2x + 5 < 4x - 7$	$\mid -4x$
$-2x + 5 < -7$	$\mid -5$
$-2x < -12$	$\mid :(-2)$
$x < 6$	

$2x + 5 < 4x - 7$	$\mid -2x$
$5 < 2x - 7$	$\mid +7$
$12 < 2x$	$\mid :2$
$6 < x$	

1. Wir machen eine Probe, indem wir die Zahl 8 bei beiden Lösungswegen in jeden Schritt einsetzen. Ergänze w oder f.

$2 \cdot 8 + 5 < 4 \cdot 8 - 7$	w
$-2 \cdot 8 + 5 < -5$	
$-2 \cdot 8 < -5$	
$8 < 6$	

$2 \cdot 8 + 5 < 4 \cdot 8 - 7$	w
$5 < 2 \cdot 8 - 7$	
$12 < 2 \cdot 8$	
$6 < 8$	

Welcher Schritt bei Karin war offensichtlich falsch? ____________________

2. Setze das richtige Zeichen < oder > ein: 5 ____ 6 und −5 ____ −6

MEMO

Bei einer Ungleichung können wir dieselben Umformungen wie bei einer Gleichung vornehmen.
Ausnahme: Bei der Multiplikation mit einer negativen Zahl oder Division durch eine negative Zahl wird das Ungleichheitszeichen **umgedreht!**

Um die Lösungsmenge einer Ungleichung zu bestimmen, formen wir die Ungleichung so um, dass wir die Lösung direkt ablesen können.

Dabei dürfen wir ...
... auf beiden Seiten der Ungleichung dieselbe Zahl addieren oder subtrahieren.
Beispiele: $x + 2 < 9 \quad \mid -2$ $\qquad x - 8 \geq 21 \quad \mid +8$
$x < 7 \qquad x \geq 29$

... auf beiden Seiten der Ungleichung mit derselben positiven Zahl multiplizieren oder durch dieselbe positive Zahl dividieren.
Beispiele: $\frac{x}{3} > 5 \quad \mid \cdot 3$ $\qquad 4x \geq 280 \quad \mid :4$
$x > 15 \qquad x \geq 70$

... auf beiden Seiten der Ungleichung mit derselben negativen Zahl multiplizieren oder durch dieselbe negative Zahl dividieren, wenn wir dabei das Ungleichheitszeichen < bzw. > umdrehen.
Beispiele: $-\frac{x}{4} \leq 20 \quad \mid \cdot (-4)$ $\qquad -2x > 24 \quad \mid :(-2)$
$x \geq -80 \qquad x < -12$

Lösungen

1. die Division durch (−2); **2.** 5 < 6; −5 > −6

1 Zu jedem Text passt eine Ungleichung. Schreibe den Buchstaben hinter der Ungleichung jeweils unter die Zahl, die zu dem passenden Text gehört. Es ergibt sich ein Lösungswort.

kleiner als 5	1
größer oder gleich 7	2
kleiner oder gleich 7	3
weniger als 11	4
größer als 11	5
nicht weniger als 8	6
höchstens so groß wie 5	7
größer als 7	8
mindestens so groß wie 11	9
mehr als 5	10
nicht mehr als 8	11
nicht so groß wie 8	12

$x < 5$	S	$x \leq 5$	B	$x > 5$	S	$x \geq 5$	L
$x < 7$	M	$x \leq 7$	H	$x > 7$	T	$x \geq 7$	C
$x < 8$	H	$x \leq 8$	C	$x > 8$	N	$x \geq 8$	I
$x < 11$	R	$x \leq 11$	O	$x > 11$	E	$x \geq 11$	I

1	2	3	4	5	6	7	8	9	10	11	12

2 Schreibe zu jedem Bild die Ungleichung auf. Notiere die Umformungsschritte. Vervollständige die Bilder.

a)

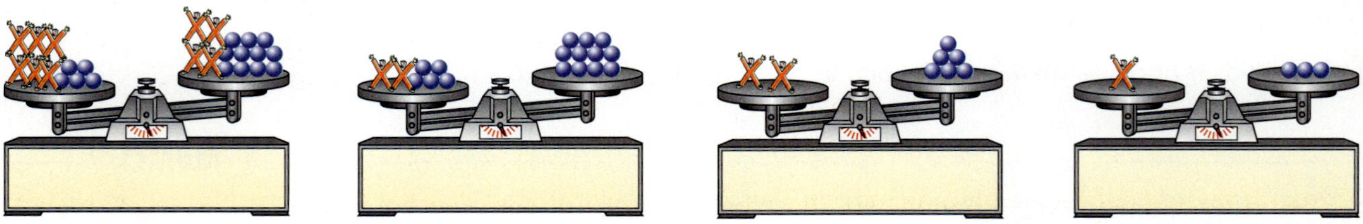

$6x + 5 > 4x + 11$ | ☐ ____________ | ☐ ____________ | ☐ ____________

b)

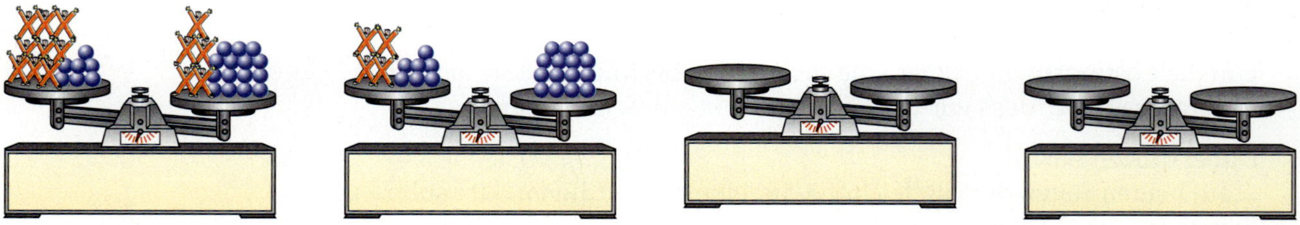

____________ | ☐ ____________ | ☐ ____________ | ☐ ____________

c)

____________ | ☐ ____________ | ☐ ____________ | ☐ ____________

Lösungen

1. SCHREIBTISCH; 2. a) $x > 3$; b) $9x + 7 < 5x + 15$, $x < 2$; c) $4x + 10 > 6x + 6$, $2 > x$

Bei den folgenden Aufgaben ist $\mathbb{Q}$ die Grundmenge. Notiere jeweils die Umformungsschritte und beschreibe die Lösungsmenge wie im Beispiel.

Beispiel:

$6 - 2x < 9 - 5x \quad | + 5x$
$6 + 3x < 9 \quad | - 6$
$3x < 3 \quad | : 3$
$x < 1$
$L = \{x \in \mathbb{Q} \mid x < 1\}$

1 Löse die Ungleichungen. Notiere die Lösungsmenge.

a) $2x + 5 < 9$ b) $2x - 5 > 9$
c) $9x + 17 < 44$ d) $6x - 28 > 8$
e) $7 - 4x > 71$ f) $8x - 21 < -41$
g) $14 + 6x < 2$ h) $77 - 3x > 14$

2 Löse die Ungleichungen. Notiere die Lösungsmenge.

a) $7x + 6 < 4x + 21$ b) $17 + 5x > 3x + 29$
c) $5 - 2x < 18 - 3x$ d) $9x - 88 < 2x - 4$
e) $6x + 13 > 8x - 7$ f) $75 + 11x > 10x + 49$
g) $50x - 120 < 30x + 200$ h) $40 + 3x > 9x - 32$

3 Löse die Ungleichungen. Notiere die Lösungsmenge.

a) $5x + 17 \geq 3x - 8$ b) $4 - 21x \geq 9 - 23x$
c) $28x - 71 \leq 20 + 21x$ d) $8x - 6 \leq 10x + 38$
e) $7 - 12x \geq 98 + x$ f) $6 - 4x \leq 16 + 6x$
g) $25 + 17x \leq 48 + 19x$ h) $11x - 10 \geq 8 + 8x$

4 Bestimme die Lösungsmenge. Fasse erst zusammen.

a) $18 + 3x + 11x < 9 + 17x + 21$
b) $38x - 29 - 48x \geq 12x - 15 - 17x + 21$
c) $3{,}2x + 1{,}75 + 2{,}4x - 11{,}8 \leq 17{,}4 - 3{,}7x + 2{,}31$
d) $x - 6{,}3 - 1{,}7x + 3{,}8x + 1{,}4 > 9x - 2{,}7 + 7{,}4 + 2{,}1x$
e) $18{,}67 + 1{,}76x - 16{,}23 \leq 2{,}37x - 6{,}28 + 1{,}57x$
f) $220x + 75 - 78x + 63 > 44 - 76x + 72x - 49 + 3x$
g) $28{,}12x - 3{,}45 + 2{,}78x < 42 + 31{,}8 - 34{,}1x + 0{,}75$

5 Bestimme die Lösungsmenge.

a) $\frac{3}{4}x + 9 \geq \frac{1}{2}x - 11$ b) $3x + \frac{2}{3} < \frac{1}{3}x + 3\frac{1}{3}$
c) $3x + 1{,}1 \geq 4x + 2{,}5$ d) $2{,}1x - 3 > x - 0{,}8$
e) $8{,}7x + 12{,}58 > 2x + 29{,}33$ f) $2\frac{1}{2}x + 2 \geq 4 - 1\frac{1}{2}x$
g) $2x - 8{,}34 \leq 5x - 4{,}44$ h) $0{,}2x + 7 < 0{,}6x + 9$

6 Welche Zahlen kommen infrage?

a) Wenn ich zu 15 eine Zahl addiere, erhalte ich mehr als 27.
b) Wenn ich von 32 eine Zahl subtrahiere, habe ich immer noch mehr als 17.
c) Wenn ich zum Dreifachen einer Zahl 9 addiere, erhalte ich mindestens das Sechsfache dieser Zahl.
d) Das Doppelte meiner Zahl minus 8 ist größer als 34 minus das Vierfache meiner Zahl.
e) Das Elffache meiner Zahl plus 5 ist kleiner als das Achtfache meiner Zahl minus 7.

7 Die Klasse 8c verkauft Bücher auf dem Flohmarkt, das Stück für 2,50 €. Ihre Ausgaben betrugen 28 €. Nach 3 Stunden haben sie schon einen Reingewinn von über 70 € erwirtschaftet. Wie viele Bücher haben sie bis dahin mindestens verkauft?

8 In der Klasse 8d sei j die Anzahl der Jungen und m die Anzahl der Mädchen. Übersetze wie im Beispiel in eine Ungleichung:

Beispiel:
Es gibt mehr Mädchen als Jungen: $m > j$

a) Es gibt höchstens so viele Jungen wie Mädchen: ____________
b) Es gibt mindestens 14 Mädchen in der Klasse: ____________
c) Es gibt mehr als doppelt so viele Mädchen wie Jungen: ____________
d) Es gibt höchstens 5 Jungen mehr als Mädchen in der Klasse: ____________
e) Es sind mehr als 30 Schüler in der Klasse: ____________

Lösungen

1. a) $x < 2$, b) $x > 7$, c) $x < 3$, d) $x > 6$, e) $x < -16$, f) $x < -2{,}5$, g) $x < -2$, h) $x < 21$; **2.** a) $x < 5$, b) $x > 6$, c) $x < 13$, d) $x < 12$, e) $x < 10$, f) $x > -26$, g) $x < 16$, h) $x < 12$; **3.** a) $x \geq -12{,}5$; b) $x \geq 2{,}5$; c) $x \leq 13$; d) $x \geq -22$; e) $x \leq -7$; f) $x \geq -1$; g) $x \geq -11{,}5$; h) $x \geq 6$; **4.** a) $x > -4$; b) $x \leq -7$; c) $x \leq 3{,}2$; d) $x < -1{,}2$; e) $x \geq 4$; f) $x > -1$; g) $x < 1{,}2$; **5.** a) $x \geq -80$; b) $x < 1$; c) $x \leq -1{,}4$; d) $x > 2$; e) $x > 2{,}5$; f) $x \geq \frac{1}{2}$; g) $x \geq -1{,}3$; h) $x > -5$; **6.** a) $15 + x > 27$, $x > 12$; b) $32 - x > 17$, $x < 15$; c) $3x + 9 \geq 6x$, $x \leq 3$; d) $2x - 8 > 34 - 4x$, $x > 7$; e) $11x + 5 < 8x - 7$, $x < -4$; **7.** $2{,}5 \cdot x - 28 > 70$, $x > 39{,}2$; Antwort: mindestens 40; **8.** a) $j \leq m$, b) $m \geq 14$, c) $m > 2 \cdot j$, d) $j \leq m + 5$, e) $m + j > 30$

9 Sachaufgaben I

„Zusammen sind wir übrigens genauso alt wie unsere Cousine Simone, die heute zufällig auch Geburtstag hat und 28 Jahre alt wird“, sagt Verena zu ihrem Bruder, als sie ihm zum Geburtstag gratuliert. „Solche Glückwünsche kann ich am besten gebrauchen“, meint dieser leicht ironisch, „wo wir gerade Textaufgaben lösen müssen. Gut, dass ich mein Alter ja kenne.“

1. Berechne das Alter der Geschwister mit einer Gleichung.

a) Wenn das Alter von Jan mit x bezeichnet wird, dann ist Verenas Alter

______________.

b) Beide Alter zusammen sind ______________ und ergeben ______________.

c) Gleichung: ______________________________

d) Lösung: Jans Alter: ______________ Verenas Alter: ______________

$x + 2$

$x + x + 2$

28

2. Stelle Gleichungen auf. Bezeichne das angegebene Alter mit x.

a) Uwe ist doppelt so alt wie Jörg (x). Zusammen sind sie 12.

____

b) Dana ist drei Jähre älter als ihr Bruder Tom, dieser ist fünf Jahre älter als seine kleine Schwester Anne (x). Zusammen sind sie 19 Jahre alt. Wie alt ist jeder von ihnen?

____

MEMO

Bei der Lösung einer Textaufgabe führen wir folgende Schritte durch:

1. Schritt: Wir legen für die gesuchte Größe eine Variable fest.
2. Schritt: Wir bilden Terme, indem wir die Angaben aus dem Text übersetzen.
3. Schritt: Wir stellen eine Gleichung auf.
4. Schritt: Wir lösen die Gleichung.
5. Schritt: Wir überprüfen das Ergebnis am Text.
6. Schritt: Wir formulieren einen Antwortsatz.

Beispiel für ein Zahlenrätsel:
Vermehrt man das Doppelte einer Zahl um 4, so erhält man dasselbe, wie wenn man das Dreifache der Zahl um 13 vermindert.

1. gesuchte Zahl: x

2. das Doppelte der Zahl: $2x$
vermehrt um 4: $2x + 4$
das Dreifache der Zahl: $3x$
vermindert um 13: $3x - 13$

3. $2x + 4 = 3x - 13$

4.
$$\begin{aligned} 2x + 4 &= 3x - 13 \quad &| -3x \\ -x + 4 &= -13 \quad &| -4 \\ -x &= -17 \quad &| :(-1) \\ x &= 17 \end{aligned}$$

5. Das Doppelte von 17 ist 34, vermehrt um 4 ergibt 38. Das Dreifache von 17 ist 51, vermindert um 13 ergibt ebenfalls 38.

6. Die gesuchte Zahl heißt 17.

1. a) $x + 2$; b) $x + x + 2$; 28; c) $x + x + 2 = 28$; d) Jan 13, Verena 15; **2.** a) $2x + x = 12$; Uwe ist 8 Jahre alt, Jörg 4 Jahre; b) $x + x + 5 + x + 8 = 19$; Anne ist 2 Jahre alt, Tom 7 Jahre und Dana 10 Jahre.

1 Löse auf drei verschiedene Arten:
Herr Schneider ist drei Jahre älter als seine Frau. Sohn Holger ist 28 Jahre jünger als sein Vater. Zusammen sind sie 95 Jahre alt.

Ich nenne Herrn Schneiders Alter x. Dann ist Frau Schneider x − 3 und Holger x − 28 Jahre alt.

Ich nenne Frau Schneiders Alter x. Dann ist Herr Schneider _____ und Holger _____ Jahre alt.

Ich nenne Holgers Alter x. Dann ist Herr Schneider _____ und Frau Schneider _____ Jahre alt.

Gleichungen:

$x + x - 3 + x - 28 = 95$	____________	____________
$3x - 31 = 95$	____________	____________
____________	____________	____________
____________	____________	____________

Antwort: Herr Schneider ist _________ Jahre alt, Frau Schneider _________ Jahre und Holger _________.

2 Löse auf verschiedene Arten.

a) Ich bin dreimal so alt wie mein Sohn.

Zusammen sind meine Mutter und ich 168 Jahre alt.

1. Möglichkeit		2. Möglichkeit	
Mutter:	x	Sohn:	x
Sohn:	_____	Mutter:	_____
Gleichung:		Gleichung:	
____________		____________	

Antwort: Die Mutter ist _____ Jahre alt, der Sohn _____.

b) Ich bin drei Jahre älter als Jan.

Ich bin der jüngste. Zusammen sind wir 12 Jahre alt.

Ich bin die Zwillingsschwester von Pit.

1. Möglichkeit		2. Möglichkeit	
Jan:	x	Pit:	x
Pit:	_____	Pia:	_____
Pia:	_____	Jan:	_____
Gleichung:		Gleichung:	
____________		____________	

Antwort: Jan ist _____ Jahre alt, Pia und Pit sind _____.

Lösungen

1. 1. Gleichung: $x = 42$; 2. Gleichung: $x + x + 3 + x - 25 = 95$; $x = 39$; 3. Gleichung: $x + x + 28 + x + 25 = 95$; $x = 14$; Antwort: 42, 39 und 14 Jahre; **2.** a) 1. Gleichung $x + \frac{x}{3} = 168$; $x = 126$; 2. Gleichung: $x + 3x = 168$; $x = 42$; Mutter 126, Sohn 42 Jahre; b) 1. Gleichung: $x + x + 3 + x + 3 = 12$; $x = 2$; 2. Gleichung: $x + x + x - 3 = 12$; $x = 5$; Jan ist 2, Pia und Pit sind 5 Jahre alt.

Übungen

Wie heißt die gesuchte Zahl?

1 Vermehrt man das Dreifache einer Zahl um 7, so erhält man dasselbe, wie wenn man das Fünffache der Zahl um 19 vermindert.

Dreifache der Zahl:	$3x$
vermehrt um 7:	$3x + 7$
Fünffache der Zahl:	$5x$
vermindert um 19:	$5x - 19$
die Terme sind gleich:	$3x + 7 = 5x - 19$

____

____

____

2 Die Differenz aus dem Neunfachen einer Zahl und 17 ist gleich der Summe aus dem Sechsfachen der Zahl und 28.

______________________ : ____________

Differenz aus dem Neunfachen und 17: ____________

______________________ : ____________

Summe aus Sechsfachem und 28: ____________

die Terme sind gleich: ______________________

____

____

____

3 Subtrahiert man 31 von dem Elffachen einer Zahl, erhält man dasselbe, als wenn man zum Doppelten der Zahl 5 addiert.

______________________ : ____________

man subtrahiert 31: ____________

______________________ : ____________

______________________ : ____________

die Terme sind gleich: ______________________

____

____

____

4 Die Differenz aus der Hälfte einer Zahl und 7 ist gleich der Summe aus dem vierten Teil der Zahl und 13.

______________________ : ____________

______________________ : ____________

______________________ : ____________

______________________ : ____________

die Terme sind gleich: ______________________

____

____

____

5 Addiert man zum Dreifachen einer Zahl das Doppelte der gesuchten Zahl, erhält man dasselbe, als wenn man vom Vierfachen der Zahl 25 subtrahiert.

______________________ : ____________

______________________ : ____________

______________________ : ____________

______________________ : ____________

die Terme sind gleich: ______________________

____

____

____

6 Ich denke mir eine Zahl. Wenn ich von 50 die Hälfte meiner Zahl subtrahiere, erhalte ich dasselbe, als wenn ich von 40 ein Drittel meiner Zahl abziehe.

die Hälfte meiner Zahl: ____________

von 50 subtrahieren: ____________

______________________ : ____________

______________________ : ____________

die Terme sind gleich: ______________________

____

____

____

Lösungen

1. Gleichung: $3x + 7 = 5x - 19$; Lösung: $x = 13$; **2.** $9x - 17 = 6x + 28$; $x = 15$; **3.** $11x - 31 = 2x + 5$; $x = 4$;
4. $\frac{1}{2}x - 7 = \frac{1}{4}x + 13$; $x = 80$; **5.** $3x + 2x = 4x - 25$; $x = -25$; **6.** $50 - \frac{1}{2}x = 40 - \frac{1}{3}x$; $x = 60$

Bei allen Aufgaben gibt es mehrere Möglichkeiten, die Variable festzulegen. Überlege dir vorher, welche Größe am besten mit x bezeichnet wird.

1 Peters Großeltern sind zusammen 135 Jahre alt. Der Opa ist 3 Jahre älter als die Oma. Wie alt sind die Großeltern?

2 Gina ist $2\frac{1}{4}$ Jahre älter als ihr kleiner Bruder Ben. Zusammen sind sie $5\frac{1}{4}$ Jahre alt. Wie alt sind beide?

3 Vera ist doppelt so alt wie ihre Schwester Lea, diese ist wiederum doppelt so alt wie Anne. Zusammen sind die Geschwister 21 Jahre alt.

4 a) In 10 Jahren wird Markus dreimal so alt sein wie heute. Wie alt ist Markus jetzt?

b) Vor 9 Jahren betrug das Alter von Mona nur ein Viertel ihres heutigen Alters. Wie alt ist sie jetzt?

5 Rund um die Fußball-Bundesliga:

a) In der Saison 2002/2003 erzielten die ersten drei der Torschützenliste zusammen 58 Treffer. Dabei trafen Giovane Elber und Thomas Christiansen gleich oft ins Netz, der drittplatzierte Ailton von Werder Bremen erzielte 5 Treffer weniger. Wie oft traf jeder?

b) In den drei Spielzeiten 2000/01, 2001/02 und 2002/03 wurden insgesamt 2611 Tore erzielt. 2000/01 fielen 4 Treffer mehr als im Jahr danach, 2001/2002 wurden 72 Tore mehr erzielt als 2002/03. Wie viele Tore fielen in jeder Saison?

c) In der Saison 2001/2002 wurden 7 rote Karten weniger gezeigt als im Jahr zuvor und 2 weniger als im Jahr danach. Insgesamt gab es in den drei Spielzeiten 102 rote Karten. Wie viele gab es in jeder einzelnen?

6 Die Klassen 8a, 8b und 8c haben beim Schulfest insgesamt 420 € eingenommen, die 8b 17 € mehr als die 8a und die 8c 26 € mehr als die 8b. Wie viel hat jede Klasse eingenommen?

7 Steffen, Kim und Andrea sind Geschwister und erhalten zusammen 70 € Taschengeld im Monat. Kim und Steffen erhalten mehr als Andrea, da sie älter sind, und zwar erhält Kim doppelt so viel wie Andrea und Steffen 10 € mehr als Andrea. Wie viel erhält jeder?

8 Die Schulleiterin informiert die Eltern am Elternabend: „In unserer Schule haben wir 724 Schüler, 36 Mädchen mehr als Jungen." Wie viele Jungen und Mädchen besuchen die Schule?

9 a)

Anzahl Nüsse A-Hörnchen:	x
Anzahl Nüsse B-Hörnchen:	$3x$
B-Hörnchen gibt 8 Nüsse ab:	$3x - 8$
A-Hörnchen erhält 8 Nüsse:	$x + 8$

Jetzt haben beide gleich viel!

Gleichung: ______________________________

Lösung: A-Hörnchen hat ________ Nüsse gesammelt und B-Hörnchen ________ Nüsse.

b) Jan hat am Monatsende $1\frac{1}{2}$-mal so viel Geld in der Geldbörse wie Verena. Er schuldet ihr aber noch 3 €. Jetzt haben beide gleich viel Geld. Wie viel hatten sie vorher?

Lösungen

1. Oma: x; Gleichung: $x + x + 3 = 135$; Oma: 66, Opa: 69; **2.** Ben: x; $x + x + 2\frac{1}{4} = 5\frac{1}{4}$; Ben: $1\frac{1}{2}$, Gina: $3\frac{3}{4}$; **3.** Anne: x; $x + 2x + 4x = 21$; Anne: 3, Lea: 6, Vera: 12; **4.** a) Markus heute: x; $x + 10 = 3x$; Markus heute: 5; b) Mona heute: x; $x - 9 = \frac{1}{4}x$; Mona heute: 12; **5.** a) Ailton: x; $x + x + 5 + x + 5 = 58$; Ailton: 16, Elber: 21, Christiansen: 21; b) 2001/02: x; $x + x + 4 + x - 72 = 2611$; 200/01: 897 Tore, 2001/02: 893 Tore, 2002/3: 821 Tore; c) 2001/02: x; $x + x + 7 + x + 2 = 102$; 2000/01: 38 Karten, 2001/02: 31 Karten, 2002/03: 33 Karten; **6.** 8b: x; $x + x - 17 + x + 26 = 420$; 8a: 120 €, 8b: 137 €, 8c: 163 €; **7.** Andrea: x; $x + 2x + x + 10 = 70$; Andrea: 15 €, Steffen: 25 €, Kim: 30 €; **8.** Anzahl Jungen: x; $x + x + 36 = 724$; Jungen: 344, Mädchen: 380; **9.** a) $3x - 8 = x + 8$; 8; 24; b) Verena: x; $x + 3 = 1\frac{1}{2}x - 3$; Verena: 12 €, Jan 18 €

10 Bestimme jeweils die gesuchte Zahl.

a) Verdreifacht man eine Zahl und addiert 10, so erhält man 1.
b) Subtrahiert man vom Neunfachen einer Zahl 78, so erhält man 21.
c) Multipliziert man eine Zahl mit 7 und addiert dann noch 81, so erhält man 200.
d) Dividiert man eine Zahl durch 6 und addiert $5\frac{5}{6}$, so erhält man 8.
e) Die Differenz aus dem Achtfachen einer Zahl und 24 ist 0.
f) Wenn du 34 vom Produkt aus einer Zahl und 9 subtrahierst, dann erhältst du 2000.

Aus der Geometrie

11 a) Ein gleichschenkliges Dreieck hat einen Umfang von 18 cm. Die Schenkel sind 3 cm länger als die Basis. Wie lang ist jede Seite?

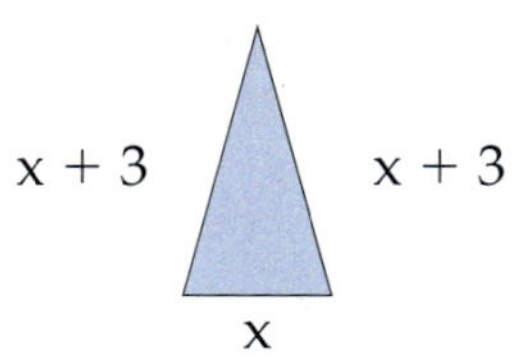

Gleichung: ______________ = 18

Die Basis ist _______ cm lang,

jeder Schenkel _______ cm.

b) Der Umfang eines gleichschenkligen Dreiecks beträgt 95 cm. Ein Schenkel ist doppelt so lang wie die Basis. Wie lang sind die Seiten?

c) In einem gleichschenkligen Dreieck ist die Basis 6 cm länger als ein Schenkel. Der Umfang beträgt 30 cm. Wie lang sind die Seiten?

12 a) In einem Dreieck ABC ist die Seite a um 2 cm kürzer als die Seite b, die Seite b um 2 cm kürzer als die Seite c. Der Umfang beträgt 24 cm. Wie lang sind die Seiten?
Tipp: Wenn du die Seite a mit x bezeichnest, kannst du die Seite b durch x + 2 beschreiben und die Seite c durch ... .
b) In einem Dreieck ist der Winkel α um 23° größer als der Winkel β und um 38° kleiner als der Winkel γ. Wie groß sind die Winkel?
c) In einem Dreieck ist die Seite a 20 cm länger als die Seite b und 11 cm länger als die Seite c. Der Umfang des Dreiecks beträgt 92 cm. Wie lang sind die Dreiecksseiten?

13 Der Umfang eines Rechtecks beträgt 52 cm.
a) Das Rechteck ist 12 cm länger als breit. Wie lang sind die Seiten des Rechtecks?
b) Die Breite beträgt 12 cm, wie lang ist das Rechteck?
c) Das Rechteck ist 12-mal so lang wie breit. Wie lang sind die Seiten?

Unter diesen Zahlen sind auch alle Ergebnisse:

1 | 2 | 4 | 7 | 12 | 14 | 19 | 24

14 Das Rechteck hat einen Umfang von 28 cm. Die Länge beträgt 2 cm mehr als die Breite.

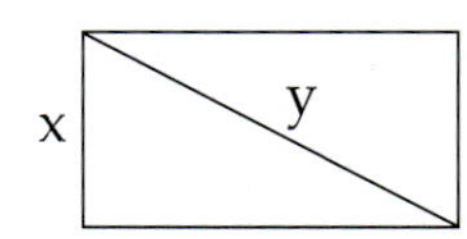

a) Wie lang sind die Rechteckseiten?
b) Wie lang ist die Diagonale, wenn der Umfang des Dreiecks 4 m weniger beträgt als der des Rechtecks?

15

Das Quadrat und das Rechteck haben beide einen Umfang von 24 cm. Das Rechteck ist doppelt so lang wie breit. Vergleiche die Flächeninhalte!

Lösungen

10. a) 3x + 10 = 1; x = −3; b) 9x − 78 = 21; x = 11; c) 7 · x + 81 = 200; x = 17; d) $\frac{x}{6} + 5\frac{5}{6} = 8$; x = 13; e) 8x − 24 = 0; x = 3; f) 9x − 34 = 2000; x = 226; **11.** a) x + x + 3 + x + 3 = 18; x = 4; Basis 4 cm, Schenkel 7 cm; b) 2x + 2x + x = 95; x = 19; Basis 19 cm, Schenkel 38 cm; c) x + x − 6 + x − 6 = 30; x = 14; Basis 14 cm, Schenkel 8 cm; **12.** a) x + x + 2 + x + 4 = 24; x = 6; a = 6 cm, b = 8 cm, c = 10 cm; b) x + x − 23 + x + 38 = 180; x = 55; α = 55°, β = 32°, γ = 93°; c) x + x − 20 + x − 11 = 92; x = 41; a = 41, b = 21, c = 30; **13.** a) x + x + x − 12 + x − 12 = 52; x = 19; Seiten 19 cm und 7 cm; b) x + x + 12 + 12 = 52; x = 14; Seiten 14 cm und 12 cm; c) 12x + 12x + x + x = 52; x = 2; Seiten 2 cm und 24 cm; **14.** a) x + x + x + 2 + x + 2 = 28; x = 6; Seiten 6 cm und 8 cm; b) y + 6 + 8 = 24; y = 10; Diagonale 10 cm; **15.** Quadrat: 4x = 24; x = 6; Fläche: 36 cm^2; Rechteck: x + x + 2x + 2x = 24; x = 4; Seiten: 4 cm und 8 cm, Fläche: 32 cm^2

10 Gleichungen mit Klammern

„Du machst freiwillig Matheaufgaben?“, fragt Verena ihren Bruder. „Ich möchte dieses Preisrätsel in unserer Schülerzeitung lösen“, erwidert er. „Wenn ich aber zu diesem Text eine Gleichung aufstelle, kommen Klammern vor“, sagt er zu Verena. „Wie soll ich das denn nun rechnen?“ Verena schaut sich den Text und die Gleichung an. Jan hat die Gleichung $4 \cdot (x + 5) = 40 - (x + 5)$ aufgestellt. „Alles prima“, meint Verena. „Wenn du deine Kenntnisse über die Terme anwendest, kann doch nichts mehr schief gehen.“

„Wenn du die Summe aus einer Zahl und 5 mit 4 multiplizierst, erhältst du dasselbe, als wenn du diese Summe von 40 subtrahierst.“

1. Löse die Gleichung: $4 \cdot (x + 5) = 40 - (x + 5)$

1. Schritt: Löse die Klammern auf: ______________________

2. Schritt: Durch Zusammenfassen vereinfachen: ______________________

3. Schritt: Bringe die Variable auf die linke Seite: ______________________

4. Schritt: Subtrahiere auf beiden Seiten 20: ______________________

5. Schritt: Dividiere durch die Vorzahl von x: ______________________

2. Löse ebenso schrittweise folgende Gleichungen:

a) $6 \cdot (2x - 7) = 10 + (4x - 20)$ b) $-5 \cdot (6 - 3x) = 17 - (12 - 8x)$

MEMO

Kommen in einer Gleichung Terme mit Klammern vor, ist folgende Reihenfolge der Umformungsschritte sinnvoll:

- Klammern auflösen
- Zusammenfassen der Terme
- Ordnen der Terme mit Variable auf einer Seite, Terme ohne Variable auf der anderen Seite
- durch eine Division oder Multiplikation dafür sorgen, dass auf einer Seite nur noch die Variable steht.

Beispiel:

$$
\begin{aligned}
5 \cdot (3x + 9) &= 19 - (6x + 16) & \\
15x + 45 &= 19 - 6x - 16 & \\
15x + 45 &= -6x + 3 & \mid +6x \\
21x + 45 &= 3 & \mid -45 \\
21x &= -42 & \mid :21 \\
x &= -2 & \\
L &= \{-2\} &
\end{aligned}
$$

Sonderfälle für die Lösungsmenge:

Jede Zahl ist Lösung der Gleichung.

Beispiel:

$$
\begin{aligned}
3(8x - 12) &= 6(4x - 6) & \mid \text{Klammern auflösen} \\
24x - 36 &= 24x - 36 & \mid -24x \\
-36 &= -36 & \\
L &= \mathbb{Q} &
\end{aligned}
$$

Keine Zahl ist Lösung der Gleichung.

Beispiel:

$$
\begin{aligned}
9(8x + 7) &= 8(9x + 8) & \mid \text{Klammern auflösen} \\
72x + 63 &= 72x + 64 & \mid -72x \\
63 &= 64 & \\
L &= \{\ \} &
\end{aligned}
$$

Lösungen

1. $x = 3$; **2.** a) $x = 4$, b) $x = 5$

Knack den Code!

Die Lösung der ersten Aufgabe ist die erste Ziffer der gesuchten Zahlenkombination; sie führt dich außerdem zur Nummer der Aufgabe, die du als Nächste lösen sollst. Du erhältst die ersten 7 Ziffern der Zahlenkombination. Die Lösung der achten Aufgabe nennt dir die letzte Ziffer.

1 $4\,(5x + 3) = 22\,(2x - 6)$

=

=

=

=

2 $80 - (9 + 14x) = 46 + (11 - 12x)$

=

=

=

=

=

3 $5x - (6 + 8x) = 6\,(26 - 7x) + 150$

=

=

=

=

=

4 $23 - (12x - 16) = 5\,(4x - 5)$

=

=

=

=

=

5 $\frac{1}{4}\,(8x + 20) = \frac{1}{2}\,(100 - 6x)$

=

=

=

=

6 $5\,(7x + 9) - 2x = 4\,(8x + 7) + 21$

=

=

=

=

7 $4\,(3x + 17) - (17x - 9) = 25x - 13$

=

=

=

=

=

8 $7\,(12 - 8x) = 48 - 4\,(16x - 19)$

=

=

=

=

=

Der Code lautet: __ __ __ __ __ __ __ __

Lösungen

Der Code lautet: 6 4 2 7 3 8 5 9

1 Löse die Gleichungen. Notiere die Umformungen und gib die Lösungsmenge an.

Beispiel:

$5 - (6x + 9) = 2$	| Klammer auflösen
$5 - 6x - 9 = 2$	| zusammenfassen
$-6x - 4 = 2$	| $+ 4$
$-6x = 6$	| $: (-6)$
$x = -1$	$L = \{-1\}$

a) $4 - (3x + 8) = -7$
b) $8x + (6x - 16) = 12$
c) $9y - (5y - 6) = 16$
d) $21x - (17 + 3x) = 19$
e) $7x + (13 - 3x) = -3$
f) $14y + (3y - 8) = 43$
g) $34 - (28 - 2y) = 0$
h) $9x - (15 + 11x) = 7$

2 a) $4(x + 3) = 20$
b) $7(4 + x) = -21$
c) $2{,}4\,(y - 5) = 0$
d) $8(4 - 5x) = 40$
e) $-3(x + 5) = 6$
f) $3(2 + 9y) = 6$
g) $-6(-5 - 3y) = -6$
h) $-3(x - 9) = 4x + 6$

3 a) $26 - (12 + 13y) = 5y - 130$
b) $10x - (4x - 32) = 2x + 6$
c) $5 + (8y - 14) = 11y - 9$
d) $-5x - (-6 - 20x) = 5x + 30$
e) $5(2y - 4) = 4 - 20y$
f) $12(-3x + 6) = 14x + 22$
g) $-2(4 - 6y) = 10y - 18$
h) $6(1{,}5x - 6) = 16 - 4x$

4 Alle Lösungen sind ganze Zahlen. Der Hai hat eine zu viel mitgebracht.

a) $\frac{2}{3}(6 + 9x) = 22$
b) $-\frac{1}{5}(x - 4) = \frac{2}{5}$
c) $\frac{4}{7}(3x + 14) = 2x + 2$
d) $2\left(y + \frac{3}{4}\right) = -6\frac{1}{2}$
e) $\frac{2}{3}x - \left(\frac{1}{2}x + 1\right) = 0$
f) $\frac{4}{5}x - \left(6 + \frac{1}{3}x\right) = 1$
g) $\frac{3}{8}x + \left(28 - \frac{2}{3}x\right) = \frac{5}{6}x + 1$
h) $\frac{1}{3}x - \left(2 + \frac{1}{3}x\right) = 2 - \left(\frac{1}{2}x + 2\right)$

21 −4 6 4 −3 24 15 2 3

5 Löse zunächst alle Klammern auf und fasse gleichartige Terme zusammen.

a) $2x - (3x + 9) = 6x + (5 - 9x)$
b) $13y + (8 - 6y) = 10y - (1 - 6y)$
c) $17 - (8z + 9) = 3z - (10z - 10)$
d) $4 - (6x + 1) = 8x + (2x - 5)$
e) $-4y - (6y - 9) = -3 + (9 - 11y)$
f) $10x - (12 - 4x) = -7 - (5 + 9x)$
g) $3z + (9z - 17) = -10 - (6z + 1)$
h) $24 - (8y - 9) = 6y - (11y - 15)$

6 Löse die Gleichungen.

a) $(2{,}4y - 1{,}6) - (3{,}7 - 0{,}9y) = -2$
b) $4{,}2x - (3{,}8 + 6{,}3x) + (0{,}4x - 4{,}1) = -2{,}8$
c) $(8{,}6 + 2{,}9y) - (-0{,}3 - 6{,}2y) = -0{,}2$
d) $1{,}3x + (-2{,}4 + 2{,}7x) + 0{,}8 = -0{,}4$
e) $(11{,}1x - 1{,}7) - (-3{,}9x + 8{,}3) = -7$
f) $1 - (2{,}4 - 8{,}3y) - (4y + 2{,}7) = 4{,}5$
g) $0{,}6x + (3{,}2x - 9) + (4{,}8 - 2{,}4x) = 0$

7 Löse die Gleichungen.

a) $3(5x - 6) = 2(9 + 3x)$
b) $2(12 - x) = 6 - (x + 2)$
c) $8(x - 2) = 6(x + 3)$
d) $-3(2x + 4) = 3 - (-2x - 1)$
e) $4(x + 5) = -2(x - 10)$
f) $5x - (4 + 3x) = -2(7 - 2x)$
g) $6(2x - 1) = 3(-3x + 5)$
h) $7(-2 + 2x) = -5(-3x + 4)$

Die Lösungen befinden sich auf den Kärtchen. In der Reihenfolge der Aufgaben ergibt sich als Lösungswort eine Stadt in Sambia.

20	0	4	17	6	−2	5	1
U	L	M	F	A	U	I	R

Lösungswort: __ __ __ __ __ __ __ __

Lösungen

1. a) 1, b) 2, c) 2,5, d) 2, e) −4, f) 3, g) −3, h) −11; **2.** a) 2, b) −7, c) 5, d) −0,2, e) −7, f) 0, g) −2, h) 3; **3.** a) 8, b) −6,5, c) 0, d) 2,4, e) 0,8, f) 1, g) −5, h) 4; **4.** a) 3, b) 2, c) 21, d) −4, e) 6, f) 15, g) 24, h) 4; **5.** a) 7, b) 1, c) −2, d) 0,5, e) −3, f) 0, g) $\frac{1}{3}$, h) 6; **6.** a) 1, b) −3, c) −1, d) 0,3, e) 0,2 f) 2, g) 3; **7.** a) 4, b) 20, c) 17, d) −2, e) 0, f) 5, g) 1, h) 6; MUFULIRA

8 Löse alle Klammern auf. Fasse dann zunächst die gleichartigen Terme zusammen und löse anschließend die Gleichungen.

a) $(18x + 19) - (12x - 11) = (21x + 31) - (19x - 27)$
b) $2(3x + 4) + 5(3x + 6) = 2(6x + 18) + 4(2x + 4)$
c) $3(2x - 2) + 2(5x + 1) = 2(6x + 8) - 8(x + 7)$
d) $18x - (5x + 3) - 12 = 5(2x - 7) + 3(3x - 2) - 1$
e) $8(x - 1) - 2(2x - 3) = 4 - (3x + 5) + 2x + 4(x + 2)$
f) $6x + 19 + 3(12x - 4) = 2(5x + 9) - 51 + 24x$

9 Bestimme die Lösungsmenge. Löse dabei zunächst die inneren, dann die äußeren Klammern auf.

Beispiel:

$5x - [3 - (6x - 9)] = 10$	I innere Klammer auflösen
$5x - [3 - 6x + 9] = 10$	I äußere Klammer auflösen
$5x - 3 + 6x - 9 = 10$	I zusammenfassen
$11x - 12 = 10$	I + 12
$11x = 22$	I : 11
$x = 2$	$L = \{2\}$

a) $6y - [4y - 5(2y + 3)] = 21$
b) $5 - [8 - 7(x + 3)] = -2x$
c) $7 - [-14 - (6y + 3) + 4y] = 25 + y$
d) $11x - [-7x - (4 - 3x) + 28] = 9x + 6$
e) $2x - [6 - 5(3x - 9)] - 17 = 25x - 4$
f) $5 - [8y + 3(-6y + 4)] + 38 = 17y + 10$
g) $2y - 9[4 - 3(y + 1)] = 6y - 9$
h) $3x + 17 - 4[2x - 3(x + 5)] = 7$

10 Achte auf die Lösungsmenge. Bei einer Aufgabe gibt es eine eindeutige Lösung. Bei den anderen Aufgaben ist die Lösungsmenge entweder leer oder die Gleichung ist allgemein löslich.

a) $5x + 3 = 5(x + 2)$
b) $3x + 9 - (2 - 4x) = 7(x + 1)$
c) $4(x - 2) = 12x - 4(2x + 2)$
d) $2x - 15 + 5(2x + 4) = 6(2x - 1) + 13$
e) $2(5y - 8) - 0{,}4y = 3(3{,}2y + 3) - 1$
f) $4(3y + 2) + 4 = 5(2{,}2y + 1) + 8$
g) $\frac{1}{3}(x + 18) - 4 = 3(4 - x) + 5(\frac{2}{3}x - 2)$
h) $6(8x - 3) - 3x + 5 = 5(9x - 7) + 21$

11 Wenn in einer Gleichung Brüche vorkommen, kann man entweder mit den Brüchen rechnen oder die Brüche durch eine Multiplikation mit dem Hauptnenner beseitigen.
Löse die Gleichungen wie im Beispiel.

Beispiel:

$\frac{1}{6}x + \frac{1}{2} = \frac{5}{12}x - \frac{5}{4}$	I · 12
$\left(\frac{1}{6}x + \frac{1}{2}\right) \cdot 12 = \left(\frac{5}{12}x - \frac{5}{4}\right) \cdot 12$	I Klammer auflösen
$\frac{1}{6}x \cdot 12 + \frac{1}{2} \cdot 12 = \frac{5}{12}x \cdot 12 - \frac{5}{4} \cdot 12$	
$2x + 6 = 5x - 15$	I $-5x$
$-3x + 6 = -15$	I -6
$-3x = -21$	I : (-3)
$x = 7$	

a) $\frac{3}{4}x + 1 = \frac{3}{2}x + 4$
b) $\frac{1}{2}x - \frac{5}{2} = \frac{2}{3}x - \frac{20}{3}$
c) $\frac{2}{7}x + \frac{10}{7} = \frac{1}{2}x - \frac{2}{7}$
d) $\frac{1}{5}x - \frac{1}{3} = \frac{3}{10}x - \frac{1}{15}$
e) $\frac{1}{7} - \frac{1}{5}x = \frac{1}{7}x - \frac{11}{7}$
f) $\frac{1}{6}x + \frac{1}{12} = \frac{1}{12}x - \frac{2}{3}$
g) $\frac{3}{10}x + \frac{4}{10} = \frac{1}{3}x + \frac{1}{6}$
h) $\frac{2}{35}x + \frac{7}{10} = \frac{3}{35}x - \frac{1}{14}$

12 Multipliziere mit dem Hauptnenner.

a) $\frac{3x}{4} = \frac{27}{8}$
b) $-\frac{5}{24}x = \frac{5}{6}$
c) $\frac{x}{3} + \frac{x}{5} = 8$
d) $\frac{x}{5} - \frac{x}{4} = 1$
e) $\frac{5x}{6} - \frac{3x}{8} = 11$
f) $\frac{7x}{9} - \frac{5x}{18} = -18$
g) $\frac{2}{9}x + \frac{1}{6}x = \frac{7}{12}$
h) $\frac{3}{10}x - \frac{16}{25}x = -\frac{17}{125}$

13

a) $\frac{2x + 7}{4} + \frac{5x - 1}{4} = 5$
b) $\frac{5x + 4}{7} + \frac{2x + 10}{7} = 1$
c) $\frac{x + 1}{4} + \frac{x - 2}{2} = 3$
d) $\frac{5x - 14}{14} + \frac{x - 2}{2} = 4$
e) $\frac{3x + 5}{5} + \frac{2x + 3}{3} = 21$
f) $\frac{7x + 40}{10} - \frac{3x + 20}{4} = 0$
g) $\frac{4x - 9}{3} = \frac{13x - 20}{10}$
h) $\frac{5x + 2}{4} = \frac{10x - 4}{16}$

Lösungen

8. a) 7, b) 14, c) –3, d) 4,5, e) 9, f) –5; **9.** a) 0,5, b) –2, c) 1, d) 5, e) –8, f) 3, g) 0, h) –10; **10.** a) {}, b) ℚ, c) ℚ, d) {}, e) {}, f) –1, g) ℚ, h) {}; **11.** a) –4, b) 25, c) 8, d) 4, e) 5, f) –9, g) 7, h) 27; **12.** a) 4,5, b) –4, c) 15, d) –20, e) 24, f) –36, g) 1,5, h) 0,4; **13.** a) 2, b) –1, c) 5, d) 7, e) 15, f) –20, g) 30, h) –1,2

11 Gleichungen mit Summen und Binomen

Zwei Quadrate haben die gleiche Größe. Sie wollen aber größer werden. Beim ersten Quadrat wird jede Seite um 2 cm verlängert, es bleibt aber ein Quadrat. Das zweite Quadrat wird in ein Rechteck verwandelt. Es muss zwar von einer Seite 1 cm abgeben, dafür wird die andere Seite aber um 8 cm verlängert.
Als sie nachher ihre Größe vergleichen, stellen sie fest, dass sie immer noch die gleiche Fläche besitzen.

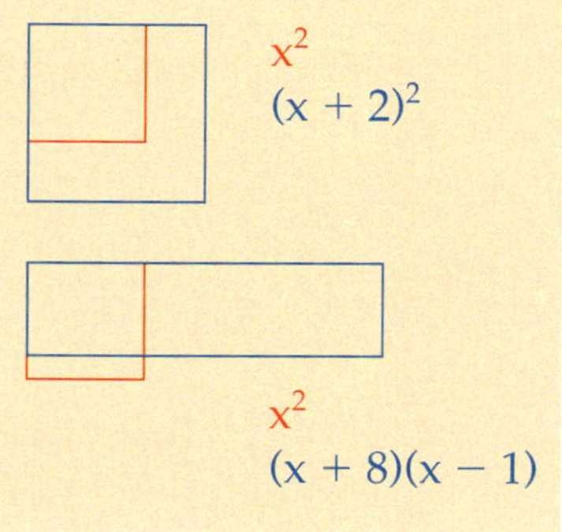

1. Viele Textaufgaben führen zu einer Gleichung, in der Summen miteinander multipliziert werden müssen. Stelle mithilfe der Abbildung zu dem Text eine Gleichung auf und löse sie.

Gleichung: ____________________________

Lösung: $x =$ __________

Antwort: Die Quadrate waren vorher __________ groß, jetzt beträgt ihre Fläche __________ cm^2.

2. Löse folgende Gleichungen:
a) $(x + 5)(x - 1) = x^2 + 19$
b) $(x + 3)(x + 2) = x^2 + 1$
c) $(x + 2{,}5)^2 = x^2 + 38{,}75$
d) Was passiert mit dem Ausdruck „x^2"?

____

MEMO

Kommen in einer Gleichung Produkte aus Summen (Binomen) vor, werden diese zuerst ausmultipliziert.
Dabei wenden wir, wenn möglich, die Binomischen Formeln an.
Anschließend formen wir die Gleichungen so weit um, bis wir die Lösung direkt ablesen können.

Beispiel:

		Probe:
$(x + 3)(x - 4) = (x - 1)^2$	I Klammern auflösen	$(13 + 3)(13 - 4) = (13 - 1)^2$
$x^2 - 4x + 3x - 12 = x^2 - 2x + 1$	I zusammenfassen	$16 \cdot 9 = 12^2$
$x^2 - x - 12 = x^2 - 2x + 1$	I $- x^2$	$144 = 144$ (w)
$-x - 12 = -2x + 1$	I $+ 2x$	
$x - 12 = 1$	I $+ 12$	
$x = 13$ $\quad L = \{13\}$		

Lösungen

1. $(x + 2)^2 = (x + 8)(x - 1)$; $x = 4$; vorher 16 cm^2, jetzt 36 cm^2; **2.** a) $x = 6$, b) $x = -1$, c) $x = 6{,}5$, d) Das x^2 hebt sich immer auf.

Zahlenrätsel mit Summen und Binomen

Ich multipliziere die Summe aus der gesuchten Zahl und 12 mit der Differenz aus der Zahl und 3.

Ich subtrahiere von meiner Zahl 8 und quadriere diese Differenz.

Ich addiere zu meiner Zahl 2 und multipliziere diese Summe mit der Differenz aus meiner Zahl und 10.

Ich addiere zu meiner Zahl 2 und quadriere dann diese Summe.

Ich subtrahiere von meiner Zahl 7 und multipliziere diese Differenz mit der Summe aus der Zahl und 1.

Ich bilde die Summe aus meiner Zahl und 5, dann quadriere ich die Summe.

Bilde Gleichungen, indem du zu den Texten in den Sprechblasen Terme aufstellst und jeweils einen Term aus einer Sprechblase auf der linken Seite mit einem Term aus einer Sprechblase auf der rechten Seite durch ein =-Zeichen verknüpfst. Du kannst insgesamt 9 Gleichungen aufstellen.

Gleichung	Lösung
a) $(x - 8)^2 = (x + 12)(x - 3)$	x = ________
b) ______________________	x = ________
c) ______________________	x = ________
d) ______________________	x = ________
e) ______________________	x = ________
f) ______________________	x = ________
g) ______________________	x = ________
h) ______________________	x = ________
i) ______________________	x = ________

Wenn du alle Lösungen zusammenzählst, dann erhältst du − 39

Lösungen

a) $x = 4$; b) $(x - 8)^2 = (x + 2)(x - 10)$; $x = 10{,}5$; c) $(x - 8)^2 = (x - 7)(x + 1)$; $x = 7{,}1$; d) $(x + 2)^2 = (x + 12)(x - 3)$; $x = 8$; e) $(x + 2)^2 = (x + 2)(x - 10)$; $x = -2$; f) $(x + 2)^2 = (x - 7)(x + 1)$; $x = -1{,}1$; g) $(x + 5)^2 = (x + 12)(x - 3)$; $x = -61$; h) $(x + 5)^2 = (x + 2)(x - 10)$; $x = -2{,}5$; i) $(x + 5)^2 = (x - 7)(x + 1)$; $x = -2$

1 Bestimme die Lösungsmenge. Mache die Probe.

Beispiel:

$(x + 2)(x - 5) = x^2 - 22$	∣ Klammern auflösen
$x^2 - 5x + 2x - 10 = x^2 - 22$	∣ zusammenfassen
$x^2 - 3x - 10 = x^2 - 22$	∣ $- x^2$
$- 3x - 10 = - 22$	∣ $+ 10$
$- 3x = - 12$	∣ $: (- 3)$
$x = 4$	

$L = \{4\}$

Probe:

$(4 + 2)\,(4 - 5) = 4^2 - 22$

$6 \cdot (-1) = 16 - 22$

$-6 = -6$

a) $(x + 4)(x + 7) = x^2 + 50$
b) $(x - 6)(x + 3) = x^2 - 3$
c) $(x + 1{,}5)(x - 3{,}5) = x^2 - 4{,}25$
d) $(x + 1)(10 - x) = 37 - x^2$
e) $(x + 5)(x - 4) = x^2 - 20$
f) $(x + 6)(x - 8) = x^2 + 30x - 16$
g) $(x - 7)(x + 9) = x^2 - 8x - 3$
h) $(3 + x)(4 - x) = 4x - x^2 + 18$
i) $(6 - x)(8 + x) = 3x - x^2 + 28$
j) $(-x - 7)(-x - 9) = x^2 + 70x + 9$

2 Löse die Gleichungen. Notiere die Umformungsschritte und mache die Probe.

a) $(2z - 1)(z + 7) = 2z^2 + 12z + 1$
b) $(3 + x)(3x + 8) = 3 + 3x^2 + 10x$
c) $(x + 1)(2x - 2) = 2x^2 + x - 6$
d) $(x + 3)(4 - 3x) = -3x^2 - x + 22$
e) $(x + 2)(x - 1{,}4) = x^2 - 1{,}8x + 0{,}08$
f) $(5 - z)(3 - 2z) = 2z^2 + 10z + 12{,}7$
g) $(z + 8)(5 - 3z) = -35 + 6z - 3z^2$
h) $(4x + 9)(x - 7) = 4x^2 + 62x - 30{,}6$
i) $(6 + 2x)(3x - 9) = 2 - 28x + 6x^2$
j) $(12 - 2z)(8 - z) = 2z^2 - 42z + 26$

3 Löse die Gleichungen.
Die Raupe kennt die Lösungen.

a) $(3x - 4)(6x + 2) = (2x - 1)(9x - 2)$
b) $(4 - x)(2x - 2) = (2 + x)(10 - 2x)$
c) $(3 + x)(5x + 2) = (14 - x)(3 - 5x)$
d) $(4x - 35)(2x + 7) = (8x - 67)(x - 4)$
e) $5x^2 + 3(8x - 6) = (x + 4)(5x - 1)$
f) $x(1{,}5x + 9) = (5x + 6)(0{,}3x + 1{,}2)$
g) $-3(x + 5) - 2x^2 = (11 + x)(3 - 2x)$
h) $(4x - 7)(2 - x) = 5(5x - 1) - 4x^2 - 20$

4 Löse die Gleichungen.

a) $\left(\frac{1}{3}x - 6\right)\left(3x - 10\right) = x^2 - 4$
b) $\left(\frac{2}{5}x + 9\right)\left(5x - 12\right) = 2x^2 + 18x + 3$
c) $\left(\frac{1}{7}x - \frac{6}{7}\right)\left(7x + 9\right) = x^2 + 3x$
d) $\left(6x - 5\right)\left(\frac{2}{3}x + 8\right) = 4x^2 + 45x - 39$
e) $\left(\frac{3}{4}x + 5\right)\left(\frac{1}{2}x - 3\right) = \frac{3}{8}x^2 - 2x - 6$
f) $\left(\frac{1}{4}x - 3\right)\left(\frac{2}{3}x + 1\right) = \frac{1}{6}x^2 - \frac{1}{4}x$

5 Löse die Gleichungen. Verwende die Binomischen Formeln.

a) $(x + 6)^2 = x^2 + 12$
b) $(x - 3)^2 = x^2 - 9$
c) $(x + 8)^2 = x^2 + 64$
d) $(x - 5)^2 = x^2 - 3x - 10$
e) $(x - 7{,}6)^2 = x^2 + 94{,}24$
f) $(x + 1{,}3)^2 = x^2 + 10x - 33{,}09$
g) $(x - 7{,}2)^2 = x^2 + 2{,}3x + 15{,}1$
h) $(x + 3{,}8)^2 = x^2 + 4{,}3x + 18{,}4$

6 Löse die Gleichungen.
Verwende die Binomischen Formeln.

a) $(x + 5)^2 = x^2$
b) $(x - 7)^2 = x^2$
c) $(x + 11)^2 = x^2$
d) $(x - 6)^2 = (x + 3)^2$
e) $(x + 4)^2 = (x - 10)^2$
f) $(x - 1)^2 = (x - 9)^2$
g) $(x - 4)^2 = (x + 2)(x - 2)$
h) $(x - 0{,}5)^2 = (x + 1)(x - 1)$

Lösungen

1. a) 2, b) −5, c) −0,5, d) 3, e) 0, f) −1, g) 6, h) −2, i) 4, j) 1; **2.** a) 8; b) −3; c) 4; d) −2,5; e) 1,2; f) 0,1; g) 3; h) −0,4; i) 2; j) −5; **3.** a) −2; b) 7; c) 0,4; d) 9; e) 2,8; f) 6; g) 3; h) 1,1; **4.** a) 3, b) 5, c) −1, d) −3, e) 4, f) −2; **5.** a) −2; b) 3; c) 0; d) 5; e) −2,4; f) 4,7; g) 2,2; h) 1,2; **6.** a) −2,5; b) 3,5; c) −5,5; d) 1,5; e) 3; f) 5; g) 2,5; h) 1,25

6 Löse die Gleichungen.

a) $(x + 3)^2 = (x - 1)(x + 11)$
b) $(2x + 1)^2 = (x - 1)(4x - 10)$
c) $(14 + x)^2 = (2 + x)(x - 10)$
d) $(5x - 2)^2 = (25x + 2)(x - 1)$
e) $(2 - 6x)^2 = (12x + 1)(4 + 3x)$
f) $(3x + 5)(3x - 5) = (9x - 5)(x - 5)$
g) $(1{,}4 + x)(1{,}4 - x) = (x - 1{,}7)(7{,}6 - x)$
h) $(2x + 0{,}4)^2 = (4x - 2{,}2)(x + 1{,}2)$
i) $(4x - 8)^2 = (8x - 48)(2x - 12)$
j) $(3x - 12)^2 = (8 - x)(12 - 9x)$
k) $(4x - 8)(4x + 8) = (8x - 5)(2x - 7)$
l) $(6x - 7)(6x + 7) = (9x - 11{,}5)(4x + 6)$

7 Achte auf die Minusklammer!
Löse die Gleichungen wie im Beispiel. Alle Lösungen findest du auf den Karten. Eine Karte bleibt über.

Beispiel:

$2x^2 - (x + 2)(2x + 5) = -5x$	Klammer auflösen
$2x^2 - (2x^2 + 5x + 4x + 10) = -5x$	Minusklammer beachten
$2x^2 - 2x^2 - 5x - 4x - 10 = -5x$	zusammenfassen
$-9x - 10 = -5x$	$+ 5x$
$-4x - 10 = 0$	$+ 10$
$-4x = 10$	$: (-4)$
$x = -2{,}5$	
$L = \{-2{,}5\}$	

Probe:
$2 \cdot (-2{,}5)^2 - (-2{,}5 + 2)(2 \cdot (-2{,}5) + 5) = -5 \cdot (-2{,}5)$
$2 \cdot 6{,}25 - (-0{,}5) \cdot (-5 + 5) = +12{,}5$
$12{,}5 - (-0{,}5) \cdot 0 = +12{,}5$
$12{,}5 = 12{,}5$ (w)

a) $x^2 - (x + 3)(x - 4) = 10$
b) $4x - (2x + 1)(3x - 2) = 7 - 6x^2$
c) $8y^2 - (2y + 4)(4y - 3) = 5y - 9$
d) $2y - (y + 5)(y - 6) = y(8 - y)$
e) $84 - (7x + 9)(x + 5) = 7(4 - x^2)$
f) $(3y - 5)(2y - 8) - (2y + 2)(3y + 6) = 80$
g) $(2x - 3)(2x + 4) - (4x - 1)(x + 7) = 0$
h) $2y^2 - (y + 8)(y - 9) - (3 + y)(5 + y) = -6$

9 | −1 | 6 | 0,25 | 1 | −2 | −0,2 | −1,4 | −3

8 Achte auf die Minusklammern!

a) $(x + 5)^2 - (x - 3)^2 = 8(x + 3)$
b) $(x + 2)^2 - (x - 4)^2 = 6(-3 + x)$
c) $(4x + 1)^2 - (3x + 2)^2 = 7(x^2 - 1)$
d) $(x + 6)(x - 7) - (x + 3)^2 = 5x - 15(2x + 1)$
e) $(2x + 1)^2 - (4x + 5)^2 = -12x(x + 2)$
f) $(2x - 1)^2 - (x + 7)^2 = (3x - 4)(x - 18)$
g) $(4x + 9)^2 = (5x + 20)^2 - (3x + 5)^2$
h) $(x - 5)^2 - (x + 1)^2 = (2x - 4)^2 - (2x - 2)^2$
i) $(x - 9)^2 - (3x - 6)^2 = (7x + 11)(4x - 6) - (6x - 11)^2$

Alle Lösungen sind Zahlen von −3 bis +3. Die Summe aller Lösungen beträgt 6!

9 Bei einer Aufgabe gibt es eine eindeutige Lösung. Bei den anderen Aufgaben ist die Lösungsmenge entweder leer oder die Gleichung ist allgemein löslich.

a) $(4x - 7)(2 - x) + 6 = 15x - 4x^2 - 8$
b) $(-2 + 7x)(2 + 2x) - 3 = 14x^2 + 10x$
c) $(2x - 4)(2x - 2) = (2x - 3)^2$
d) $(3x - 15)^2 = (5 - x)(45 - 9x)$
e) $(x - 1)^2 - (3x + 1)^2 = -4x(2x + 2)$
f) $(3x + 6)^2 = (5x + 10)^2 - (4x + 8)^2$
g) $x^2 + (x + 3)^2 + (x - 2)(x + 2) = (x - 1)(3x - 5)$
h) $(5x - 7)(2x + 6) + (2x + 2)^2 = (7x - 9)(2x + 6)$
i) $6x^2 - (2x + 8)(3x - 4) = (x - 6)^2 - (x + 2)^2$

10 Aus den Termen $(x + 1)$, $(x + 2)$, $(x + 3)$, $(x + 4)$ und $(x + 5)$ werden Gleichungen gebildet, wobei auf jeder Seite zwei dieser Terme miteinander multipliziert werden. Jeder Term kommt in einer Aufgabe nur einmal vor.

a) $(x + 1)(x + 2) = (x + 3)(x + 4)$
b) $(x + 1)(x + 2) = (x + 3)(x + 5)$
c) $(x + 1)(x + 2) = (x + 4)(x + 5)$
d) $(x + 1)(x + 3) = (x + 2)(x + 4)$
e) $(x + 1)(x + 3) = (x + 2)(x + 5)$
f) $(x + 1)(x + 3) = (x + 4)(x + 5)$
g) $(x + 1)(x + 4) = (x + 2)(x + 3)$
h) $(x + 1)(x + 4) = (x + 2)(x + 5)$
i) $(x + 1)(x + 4) = (x + 3)(x + 5)$
j) $(x + 1)(x + 5) = (x + 2)(x + 3)$

Lösungen

6. a) 5; b) 0,5; c) −6; d) −2; e) 0; f) 1; g) 1,6; h) 2,8; i) 4; j) −4; k) 1,5; l) 2,5; **7.** a) −2; b) 1; c) 1,4; d) 6; e) 0,25; f) −1; g) −0,2; h) 9; **8.** a) 1, b) −1, c) 1, d) 2, e) −2, f) 3, g) −3, h) 3, i) 2; **9.** a) L = ℚ, b) L = {}; c) L = {}, d) L = ℚ, e) L = ℚ, f) L = ℚ, g) L = {0}, h) L = {}, i) L = ℚ; **10.** a) −2,5; b) −2,6; c) −3; d) −2,5; e) $-2\frac{1}{3}$; f) −3,4; g) {}; h) −3; i) $-3\frac{2}{3}$; j) 1; weitere Gleichungen: $(x + 1)(x + 5) = (x + 2)(x + 4)$, L = {}; $(x + 1)(x + 5) = (x + 3)(x + 4)$, L = {−7}; $(x + 2)(x + 3) = (x + 4)(x + 5)$, L = {−3,5}; $(x + 2)(x + 4) = (x + 3)(x + 5)$, L = {−3,5}; $(x + 2)(x + 5) = (x + 3)(x + 4)$, L = {}

12 Sachaufgaben II

Die Klasse 8d unternimmt während ihres Herbergsaufenthaltes auch eine Fahrradtour. Die größere Gruppe fährt um 9 Uhr los, sie fahren durchschnittlich 15 $\frac{km}{h}$. Eine kleine Gruppe musste erst noch Aufräumarbeiten erledigen und fährt um 9.30 Uhr hinterher.
„Die holen wir bis zum Picknick um 12.00 Uhr nicht mehr ein", meint Karsten. „Wir können aber schneller fahren als die anderen", erwidert Fuzzy. „Wenn wir mit einer Durchschnittsgeschwindigkeit von 20 $\frac{km}{h}$ fahren, haben wir eine Chance."

1. a) Zur Lösung der Aufgabe legen wir eine Tabelle an:

	Gruppe 1	Gruppe 2
Fahrweg [km] pro Stunde	15	20
gefahrene Zeit [h]	x	$x - \frac{1}{2}$
zurückgelegte Strecke [km]	$15 \cdot x$	$20 \cdot \left(x - \frac{1}{2}\right)$

b) Wenn die Gruppe 2 die Gruppe 1 eingeholt hat, ist die zurückgelegte Strecke gleich! Wir erhalten die Gleichung:

____

Die Lösung der Gleichung lautet x = ______, also war die Gruppe 1 ______ Stunden unterwegs, als sie eingeholt wurde. Das geschah um ______ Uhr.

2. Auf der Rückfahrt fährt wieder eine Gruppe vor, da die anderen noch aufräumen. Gruppe 1 startet um 13.30 Uhr mit einer Durchschnittsgeschwindigkeit von 12 $\frac{km}{h}$, Gruppe 2 radelt ab 14.15 Uhr mit durchschnittlich 16 $\frac{km}{h}$. Wann wird Gruppe 1 eingeholt?

	Gruppe 1	Gruppe 2
Fahrweg [km] pro Stunde		
gefahrene Zeit [h]		
zurückgelegte Strecke [km]		

Fülle die Tabelle aus und stelle eine Gleichung auf: ______________________

Gruppe 1 wird nach ______________ Fahrzeit eingeholt.

MEMO

Diagramme, Skizzen oder Tabellen können bei der Aufstellung der Gleichung hilfreich sein.

Lösungen

1. b) $15 \cdot x = 20 \cdot \left(x - \frac{1}{2}\right)$; $x = 2$; 2 Stunden; 11.00 Uhr; **2.** $12 \cdot x = 16 \cdot \left(x - \frac{3}{4}\right)$; 3 Stunden

1 Herr Frerich ist heute viermal so alt wie seine Tochter. In 5 Jahren wird er nur noch dreimal so alt sein wie sie. Wie alt sind beide heute und in 5 Jahren?

Alter	Tochter	Vater
heute	x	$4 \cdot x$
in 5 Jahren	$x + 5$	$4 \cdot x + 5$

a) Das Alter von Herrn Frerich in 5 Jahren können wir auch so ausdrücken: $3 \cdot (x + 5)$. Warum?

b) Gleichung: ____________________

Lösung: $x =$ __________

Probe:

Alter	Tochter	Vater
heute		
in 5 Jahren		

2 Silvia ist 10 Jahre, ihr kleiner Bruder Steffen 3 Jahre alt. In wie vielen Jahren wird Silvia doppelt so alt sein wie er?

Alter	Silvia	Steffen
heute	10	
in x Jahren	$10 + x$	

Gleichung: ____________________

Lösung: $x =$ __________

Probe:

Alter	Silvia	Steffen
heute		
in x Jahren		

3 Herr Schmitz ist neunmal so alt wie seine Enkelin. In 5 Jahren sind sie beide zusammen 90 Jahre alt. Wie alt sind sie heute?

Alter	Enkelin	Opa
heute	x	
in 5 Jahren		

Gleichung: ____________________

Lösung: $x =$ __________

Probe:

Alter	Enkelin	Opa
heute		
in 5 Jahren		

4 Herr Meier und sein Sohn Klaus sind heute zusammen 60 Jahre alt. Vor 8 Jahren war der Vater zehnmal so alt wie sein Sohn. Wie alt sind beide heute?

Alter	Sohn	Vater
heute	x	$60 - x$
vor 8 Jahren		

Gleichung: ____________________

Lösung: $x =$ __________

Probe:

Alter	Sohn	Vater
heute		
vor 8 Jahren		

5 „Wie alt ist eigentlich dein Bruder Christoph?", will Fuzzy von seinem Freund Karsten wissen. Der antwortet natürlich mit einem Rätsel: „Ich bin jetzt doppelt so alt, wie er vor 4 Jahren war. In einem Jahr bin ich $1\frac{1}{4}$-mal so alt wie er."

Alter	Christoph	Karsten
heute	x	$2 \cdot (x - 4)$
in 1 Jahr		

Gleichung: ____________________

Lösung: $x =$ __________

Probe:

Alter	Christoph	Karsten
heute		
in 1 Jahr		

1	2	3	4	5	

$(\square - 3) \cdot \square - \square + \square = 55$

Lösungen

1. a) weil er dreimal so alt ist wie sie; b) $4x + 5 = 3 \cdot (x + 5)$; heute: Tochter 10 Jahre, Vater 40 Jahre; in 5 Jahren: Tochter 15 Jahre, Vater 45 Jahre; **2.** $10 + x = 2 \cdot (3 + x)$; $x = 4$; **3.** $x + 5 + 9x + 5 = 90$; $x = 8$; Enkelin 8 und Herr Schmitz 72; **4.** $60 - x - 8 = 10 \cdot (x - 8)$; $x = 12$; Klaus ist 12 Jahre und Herr Meier 48; **5.** $2 \cdot (x - 4) + 1 = 1\frac{1}{4} \cdot (x + 1)$; $x = 11$; Christoph ist 11 und Karsten 14

Wie heißen die Zahlen? Löse jede Aufgabe auf zwei Arten:

1 Zwei Zahlen unterscheiden sich um 4. Addiert man zum Fünffachen der kleineren Zahl das Doppelte der größeren, so erhält man 50.

		Probe
kleinere Zahl:	x	6
größere Zahl:	$x + 4$	10
■ Fünffache der kleineren Zahl:	$5 \cdot x$	30
□ Doppelte der größeren:	$2 \cdot (x + 4)$	20
■ und □ addieren ergibt 50:		50

Gleichung:

$$5x + 2(x + 4) = 50$$
$$5x + 2x + 8 = 50$$
$$7x = 42$$
$$x = 6$$

		Probe
größere Zahl:	x	
kleinere Zahl:		
■ Fünffache der kleineren Zahl:		
□ Doppelte der größeren:		
■ und □ addieren ergibt 50:		

2 Zwei Zahlen unterscheiden sich um 12. Addiert man zum Quadrat der kleineren Zahl 600, erhält man das Quadrat der größeren Zahl.

		Probe
kleinere Zahl:	x	
größere Zahl:	$x + 12$	
■ Quadrat der kleineren Zahl:	x^2	
□ Quadrat der größeren Zahl:	$(x + 12)^2$	
■ und 600 ergeben zusammen □:		

Gleichung:

		Probe
größere Zahl:	x	
kleinere Zahl:		
■ Quadrat der kleineren Zahl:		
□ Quadrat der größeren Zahl:		
■ und 600 ergeben zusammen □:		

3 Zwei Zahlen unterscheiden sich um 17. Multipliziert man die beiden Zahlen miteinander, erhält man dasselbe, wie wenn man vom Quadrat der größeren 561 subtrahiert.

		Probe
kleinere Zahl:	x	
größere Zahl:	$x + 17$	
■ man multipliziert die Zahlen:		
□ Quadrat der größeren − 561:		
■ und □ ergeben dasselbe:		

Gleichung:

		Probe
größere Zahl:		
kleinere Zahl:		
■ man multipliziert die Zahlen:		
□ Quadrat der größeren − 561:		
■ und □ ergeben dasselbe:		

Lösungen

1. 2. Gleichung: $5 \cdot (x - 4) + 2x = 50$, $x = 10$; die Zahlen lauten 6 und 10; **2.** 1. Gleichung: $x^2 + 600 = (x + 12)^2$, $x = 19$; 2. Gleichung: $(x - 12)^2 + 600 = x^2$, $x = 31$; die Zahlen lauten 19 und 31; **3.** 1. Gleichung: $x \cdot (x + 17) = (x + 17)^2 - 561$, $x = 16$; 2. Gleichung: $x \cdot (x - 17) = x^2 - 561$, $x = 33$; die Zahlen lauten 16 und 33

1 Die Klassen 8c und 8d sind auf der Klassenfahrt in nahe gelegenen Jugendherbergen untergebracht. Die Jugendherbergen sind 39 km voneinander entfernt. An einem Tag machen beide Klassen eine Radtour. Sie fahren sich entgegen, um sich unterwegs zu treffen. Beide Klassen starten verabredungsgemäß um 9.00 Uhr. Die 8c fährt mit einer Geschwindigkeit von 12 $\frac{km}{h}$, die 8d mit 14 $\frac{km}{h}$.

a) Um wie viel Uhr treffen sich beide Klassen?

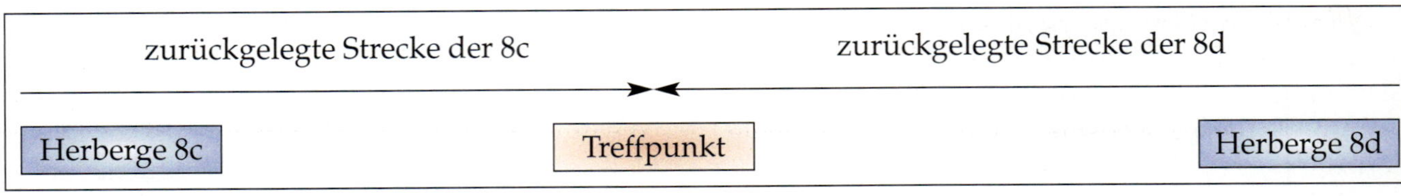

	8c	8d
Fahrtzeit [h] bis Treffpunkt	x	x
zurückgelegte Strecke [km] beim Treffpunkt	$12 \cdot x$	$14 \cdot x$

Da die zurückgelegten Strecken zusammen die Gesamtstrecke von 39 km ergeben, erhalten wir die Gleichung:

____

Antwort: Die Klassen treffen sich nach __________ Stunden, also um __________ Uhr.

b) Welche Strecken haben beide Klassen zurückgelegt? Klasse 8c: __________ km

Klasse 8d: __________ km

2 Die Klasse 8c startet pünktlich um 9.00 Uhr und fährt durchschnittlich 12 $\frac{km}{h}$, die 8d kann aber erst um 10.00 Uhr losfahren, da die Fahrräder noch nicht in Ordnung sind. Sie beeilen sich und schaffen immerhin 15 $\frac{km}{h}$.

a) Um wie viel Uhr treffen sich die beiden Klassen?

	8c	8d
Fahrtzeit [h] bis Treffpunkt	x	
zurückgelegte Strecke [km] beim Treffpunkt		

Gleichung:

____

Antwort: Die Klassen treffen sich nach __________ Stunden, also um __________ Uhr.

b) Welche Strecken haben beide Klassen zurückgelegt? Klasse 8c: __________ km

Klasse 8d: __________ km

3 Auf der Rückfahrt mit dem Zug fahren die Klassen 8c und 8d um 10.20 Uhr vom Ort der Jugendherberge nach Hause. Der Zug fährt mit einer Durchschnittsgeschwindigkeit von 80 $\frac{km}{h}$. Zwei Stunden später starten die Parallelklassen 8a und 8b, die die gleiche Jugendherberge besuchen, auf ihre Klassenfahrt. Ihr Zug legt 60 km in der Stunde zurück. Die Entfernung vom Heimatort zum Bahnhof Jugendherberge beträgt 440 km.

a) Um wie viel Uhr begegnen sich die beiden Züge?
b) Wie weit sind die Klassen zu diesem Zeitpunkt von zu Hause entfernt?

Lösungen

1. a) Gleichung: $12x + 14x = 39$; $1\frac{1}{2}$ Stunden, um 10.30 Uhr; b) 8c: 18 km, 8d: 21 km; **2.** a) Gleichung: $12x + 15(x - 1) = 39$; 2 Stunden, um 11.00 Uhr; b) 8c: 24 km, 8d: 15 km; **3.** a) Gleichung: $80 \cdot x + 60 \cdot (x - 2) = 440$; nach 4 Stunden, um 14.20 Uhr; b) 120 km

Bei allen Aufgaben sind zunächst die Angaben aus dem Text in Terme zu übersetzen. Dabei ist es günstig, z. B. eine Tabelle anzulegen.
Führe bei jeder Aufgabe auch eine Überprüfung deiner Ergebnisse am Text durch!

Altersrätsel

1 Frau Frese ist heute dreimal so alt wie ihr Sohn. Vor 7 Jahren war sie noch fünfmal so alt wie er. Wie alt sind beide heute und vor 7 Jahren?

2 Petra ist heute sechsmal so alt wie ihre kleine Cousine Martha. In 6 Jahren wird sie $2\frac{1}{4}$-mal so alt sein. Wie alt sind die beiden heute?

3

Wie alt sind die beiden Vögel heute, wie alt in einem Vierteljahr?

4 Die Geschwister Karin und Rolf sind zusammen 28 Jahre alt. Vor 11 Jahren war Karin noch doppelt so alt wie Rolf. Wie alt sind beide heute?

5 Frau Stolle ist 37 Jahre, ihre Tochter Svenja 9 Jahre alt. In wie vielen Jahren wird die Mutter dreimal so alt wie ihre Tochter sein?

6 Herr Stolle ist 36 Jahre alt, Nesthäkchen Ben 4 Jahre. In wie vielen Jahren ist der Vater nur noch doppelt so alt wie sein Sohn?

Zahlenrätsel

Bei manchen Aufgaben, in denen zwei Zahlen gesucht werden, kannst du zwei Gleichungen aufstellen, je nachdem, ob du die größere oder die kleinere Zahl mit x bezeichnest.

7 Zwei Zahlen unterscheiden sich um 7. Addiert man zum Vierfachen der kleineren Zahl das Dreifache der größeren, so erhält man 49.

8 Multipliziere die Summe aus einer Zahl und 7 mit 9. Du erhältst dasselbe, als wenn du von der gedachten Zahl 7 subtrahierst und diese Differenz dann mit 12 multiplizierst.

9 Die Summe zweier Zahlen ist 35. Wenn man das Dreifache der ersten Zahl und das Vierfache der zweiten Zahl addiert, erhält man 122.

10 Die Differenz zweier Zahlen ist 9. Wenn man das Dreifache der kleineren Zahl um das Doppelte der größeren Zahl vermindert, erhält man 11.

11 Subtrahiert man vom Quadrat einer Zahl das Quadrat des Vorgängers der Zahl, so erhält man 71.

12 Addiert man die Quadrate zweier aufeinander folgender Zahlen, so erhält man dasselbe, als wenn man das Quadrat der größeren Zahl verdoppelt und dann 25 subtrahiert.

13 Ich denke mir eine Zahl und subtrahiere von dieser Zahl 7. Dann quadriere ich diese Differenz. Ich erhalte dasselbe, als wenn ich zunächst zu meiner Zahl 3 addiere und dann diese Summe quadriere.

Lösungen

1. Sohn: x, Gleichung: $3 \cdot x - 7 = 5 \cdot (x - 7)$; $x = 14$; Mutter 42, Sohn 14; **2.** Martha: x, $6x + 6 = 2\frac{1}{4}(x + 6)$; $x = 2$; Petra 12, Martha 2; **3.** jüngerer Vogel: x, $3x + \frac{1}{4} = 2(x + \frac{1}{4})$; $x = \frac{1}{4}$; Vögel sind $\frac{3}{4}$ und $\frac{1}{4}$ Jahr alt; **4.** Karin: x, Rolf: $28 - x$, $x - 11 = 2(17 - x)$; $x = 15$; Karin ist 15, Rolf 13 Jahre alt; **5.** $37 + x = 3(9 + x)$; $x = 5$; in 5 Jahren; **6.** $36 + x = 2(4 + x)$; $x = 28$; in 28 Jahren; **7.** kleinere Zahl: x, $4 \cdot x + 3 \cdot (x + 7) = 49$; $x = 4$; Zahlen lauten 4 und 11; **8.** $9 \cdot (x + 7) = 12 \cdot (x - 7)$; $x = 49$; **9.** $3 \cdot x + 4 \cdot (35 - x) = 122$; $x = 18$; Zahlen lauten 18 und 17; **10.** größere Zahl: x, $3 \cdot (x - 9) - 2x = 11$; $x = 38$; Zahlen lauten 38 und 29; **11.** $x^2 - (x - 1)^2 = 71$; $x = 36$; Zahlen lauten 36 und 35; **12.** 1. Möglichkeit: $x^2 + (x + 1)^2 = 2 \cdot (x + 1)^2 - 25$; $x = 12$; 2. Möglichkeit: $x^2 + (x - 1)^2 = 2x^2 - 25$; $x = 13$; Zahlen lauten 12 und 13; **13.** $(x - 7)^2 = (x + 3)^2$; $x = 2$

Aufgaben aus der Geometrie

1 Verlängert man die eine Seite eines Quadrates um 4 cm und die andere Seite um 3 cm, so entsteht ein Rechteck, dessen Flächeninhalt um 89 cm^2 größer ist als der Flächeninhalt des Quadrates. Wie lang ist die Quadratseite? (Fülle die Tabelle aus.)

Quadratseite	x
Quadratfläche	x^2
1. Rechteckseite	$x + 4$
2. Rechteckseite	
Rechteckfläche	
Flächenvergleich	$x^2 + 89 =$

2 Verlängert man eine Seite eines Quadrates um 2 cm und verkürzt die andere Seite um 0,8 cm, entsteht ein Rechteck mit einem um 2,24 cm^2 größeren Flächeninhalt als der des Quadrates. Wie lang ist die Quadratseite?

3 Ein Rechteck ist 5 cm länger als breit. Verkleinert man die Länge um 1 cm und vergrößert die Breite um 2 cm, so entsteht ein neues Rechteck, dessen Flächeninhalt um 12 cm^2 größer ist als der des ursprünglichen Rechtecks. Wie lang sind die Seiten des ursprünglichen Rechtecks?

4 Bei einem Würfel werden alle Kanten um 2 cm verlängert. Es entsteht ein neuer Würfel, dessen Oberfläche um 240 cm^2 größer ist als die des ursprünglichen Würfels. Berechne dessen Kantenlänge.

Bewegungsaufgaben

5 Herr Gertz begibt sich um 8.00 Uhr auf eine Wanderung. Er marschiert mit durchschnittlich 6 $\frac{km}{h}$. 3 Stunden später fährt ihm sein Sohn mit einer Geschwindigkeit von 18 $\frac{km}{h}$ mit dem Fahrrad nach.

a) Um wie viel Uhr holt der Sohn ihn ein?
b) Wie viele km haben beide zurückgelegt?

6 Dirk und Pascal wohnen im selben Haus und gehen in dieselbe Schule. Der Schulweg beträgt 2 km. Dirk braucht für die Strecke zur Schule 20 Minuten. Pascal trödelt gerne und benötigt im Schnitt 30 Minuten.
Pascal verlässt das Haus um 7.25 Uhr. Wann wird er von Dirk überholt, wenn dieser 5 Minuten später losgeht?
(Tipp: Berechne die Geschwindigkeit in $\frac{km}{h}$. Welcher Bruchteil einer Stunde sind 5 Minuten?)

7 Ein Radfahrer fährt mit einer Geschwindigkeit von 16 $\frac{km}{h}$ vom Ort A einem Fußgänger nach, der 1 Stunde vorher von einem 14 km vor A liegenden Punkt B aufgebrochen ist. Die Geschwindigkeit des Fußgängers beträgt 4 $\frac{km}{h}$.

a) Wie lange ist der Fußgänger unterwegs, wenn der Radfahrer ihn einholt?
b) In welcher Entfernung von B holt der Radfahrer den Fußgänger ein?

8

Herr Peters fährt mit seinem Pkw von A Richtung B mit einer Durchschnittsgeschwindigkeit von 60 $\frac{km}{h}$. Frau Müller fährt mit ihrem Lieferwagen 2 Stunden später mit einer Durchschnittsgeschwindigkeit von 50 $\frac{km}{h}$ von B Richtung A. Die Orte A und B sind voneinander 450 km entfernt.

a) Wie viele Stunden nach ihrer jeweiligen Abfahrt von A bzw. B treffen sie sich?
b) Wie groß sind die Strecken, die die beiden Fahrzeuge am Treffpunkt zurückgelegt haben?
c) Wie lange benötigen die beiden Autofahrer noch bis zu ihrem Zielort?

9 Ein Personenzug fährt um 8.56 Uhr vom Bahnhof A nach B ab, seine Geschwindigkeit beträgt 48 $\frac{km}{h}$. 5 Minuten später fährt ein Eilzug vom Bahnhof B nach A ab, der 72 $\frac{km}{h}$ fährt. Die Bahnhöfe liegen 30 km auseinander. Wann begegnen sich die Züge und wie viel km hat jeder Zug beim Treffpunkt zurückgelegt?

Lösungen

1. $x^2 + 89 = (x + 4)(x + 3)$; $x = 11$; **2.** $(x + 2)(x - 0{,}8) = x^2 + 2{,}24$; $x = 3{,}2$; **3.** $x \cdot (x - 5) + 12 = (x - 1)(x - 3)$; die Seiten waren ursprünglich 9 cm und 4 cm lang; **4.** alte Würfeloberfläche: $6x^2$, neue Würfeloberfläche: $6 \cdot (x + 2)^2$, Gleichung: $6x^2 + 240 = 6 \cdot (x + 2)^2$; $x = 9$; **5.** $6x = 18(x - 3)$; $x = 4{,}5$; a) um 12.30 Uhr; b) 27 km; **6.** $4x = 6 \cdot (x - \frac{1}{12})$; $x = \frac{1}{4}$; um 7.40 Uhr; **7.** $4 \cdot x + 14 = 16 \cdot (x - 1)$; $x = 2{,}5$; a) $2\frac{1}{2}$ Stunden; b) 10 km; **8.** $60x + 50 \cdot (x - 2) = 450$; a) 5 bzw. 3 Stunden; b) 300 km, 150 km; c) $2\frac{1}{2}$ bzw. 6 Stunden; **9.** $48 \cdot x + 72 \cdot (x - \frac{1}{12}) = 30$; $x = 0{,}3$; um 9.14 Uhr; 14,4 km bzw. 15,6 km